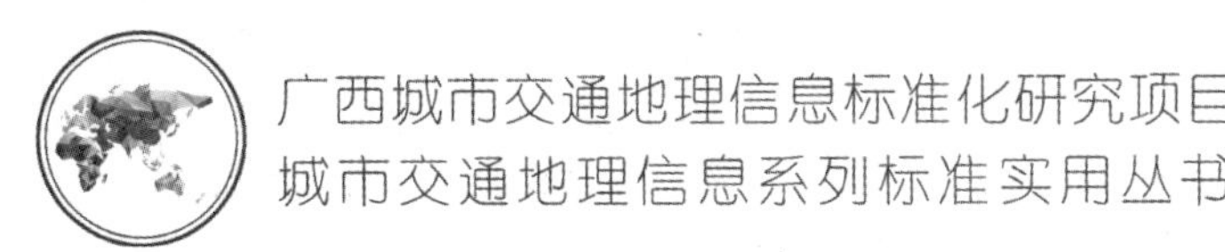

城市交通地理信息系列标准实施指南

Urban Traffic Geographic Information Standard Guide

梁展凡 编著

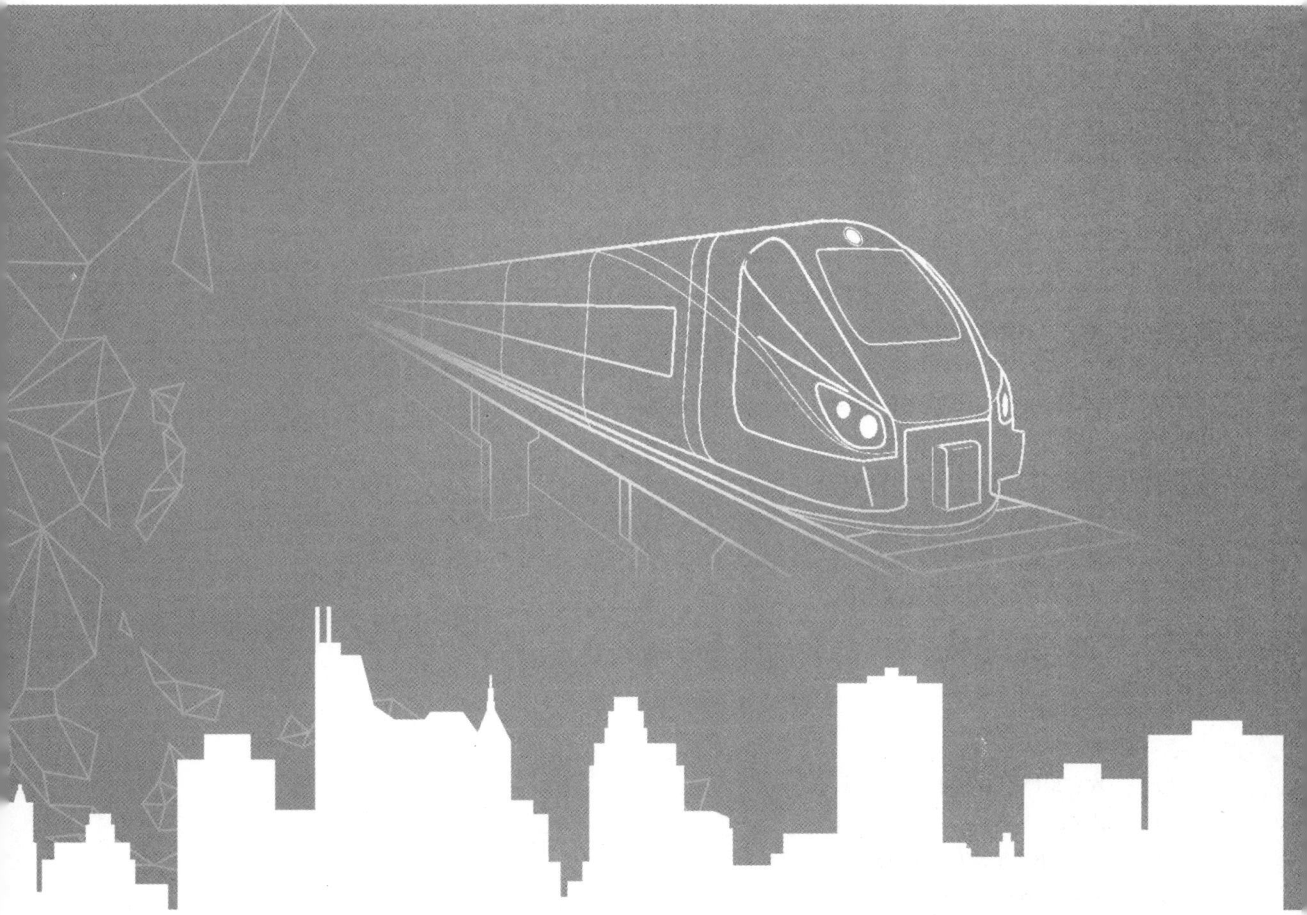

内 容 提 要

本书收录完整的城市交通地理信息系列标准规范条文，说明了标准编制过程，对标准条文逐条进行了解释，点明了实施中需要注意的问题，介绍了基于数据标准的交通地理信息数据库的构建及交通地理信息一张图的建设。

本书适用于与城市交通地理信息相关的交通规划、设计、建设、运营、管理、维修和安全应急等活动，适合从事城市交通地理信息相关的设计、施工、监理、运营管理等方面的工程技术人员、管理人员，也可供大中专院校师生教学参考。

图书在版编目(CIP)数据

城市交通地理信息系列标准实施指南/梁展凡编著.
—北京：人民交通出版社股份有限公司，2015.12
ISBN 978-7-114-12695-6

Ⅰ. ①城… Ⅱ. ①梁… Ⅲ. ①地理信息系统—应用—城市交通—交通运输管理—标准—指南 Ⅳ. ①U12-39

中国版本图书馆 CIP 数据核字(2015)第 296473 号

审图号：桂 S(2015)70 号

书　　名：城市交通地理信息系列标准实施指南
著 作 者：梁展凡
责任编辑：林宇峰　王金霞
出版发行：人民交通出版社股份有限公司
地　　址：(100011)北京市朝阳区安定门外外馆斜街 3 号
网　　址：http://www.ccpress.com.cn
销售电话：(010)59757973
总 经 销：人民交通出版社股份有限公司发行部
经　　销：各地新华书店
印　　刷：北京盛通印刷股份有限公司
开　　本：787×1092　1/16
印　　张：15
插　　页：1
字　　数：384 千
版　　次：2015 年 12 月　第 1 版
印　　次：2015 年 12 月　第 1 次印刷
书　　号：ISBN 978-7-114-12695-6
定　　价：80.00 元
(有印刷、装订质量问题的图书由本公司负责调换)

主　　任：王劼耘

副 主 任：王永超　黄炳强

组　　长：梁展凡

主要成员：韦海和　陈　龙　晏明星　严　凯　商小燕
冷春生　阮　明　尹哲明　陈　禧　涂新昌
罗绍辉　漆小英　汪俊芳　朱　海　莫庆球
李东平　姚奇峰　楼国华　吴婉使　马逸之
刘第二　陈达春

前 言

城市交通地理信息系列标准由广西壮族自治区交通运输厅提出，南宁市交通运输局在对广西城市交通地理信息应用现状和发展需求充分调研的基础上，结合行业特点，组织技术力量，由南宁市勘察测绘地理信息院编制完成了《城市交通地理信息分类与代码》、《城市交通地理信息属性数据结构》、《城市交通地理信息数据分层及命名规则》、《城市交通地理信息数据组织与数据库命名规则》四项广西地方标准，已经广西壮族自治区质量技术监督局于2015年6月1日批准发布，并于2015年7月1日正式实施。

这四项标准对城市交通地理信息分类与代码、城市交通地理信息的属性数据结构、城市交通地理信息数据分层及命名规则、城市交通地理信息数据组织与数据库命名规则等作出了规定，对城市交通地理信息数据管理、建库、共享、交换和开发应用等具有重要的指导作用，是广西首次由区市联合推动编制的广西地方标准，填补了广西区内城市交通地理信息数据库建设标准的空白，统一了广西交通地理信息数据库建设标准，明确了广西城市交通地理信息采集要求，为今后整体交通规划、设计、建设、运营、管理、维修和安全应急提供了强有力的技术支撑，有利于实现交通地理信息的标准化、规范化和专业化，具有良好的推广应用前景。

为了便于学习、掌握和使用标准，使标准得到有效实施，本人组织编写了《城市交通地理信息系列标准实施指南》一书，书中对标准的编制背景、标准制定的原则、标准编制过程、标准条文的原意都作了介绍。

本书分为五部分。第一部分收录完整的标准规范条文及编制过程中相关说明。第二部分是本书的主要内容，该部分对标准条文逐条进行解释，对每一条的原意做了较为详细的讲解，指出了实施中需要注意的问题。第三部分为应用成果，介绍了基于数据标准的交通地理信息数据库的构建及交通地理信息“一张图”的建设。第四部分是标准应用展望。第五部分是附录与标准直接相关的标准规范，以使读者更好地了解标准制定的依据。

本书适用于与城市交通地理信息相关的交通规划、设计、建设、运营、管理、维修和安全应急等活动，适合从事城市交通地理信息相关的设计、施工、监理、运营管理等方面的工程技术人员及管理人员使用，也可供大中专院校师生教学参考。

编者

2015.10.10

目 录

Mulu

第一部分

标准及说明

第一章　城市交通地理信息分类与代码

1　范围

本标准规定了城市交通地理信息分类与代码。

本标准适用于城市交通地理信息数据采集、整理、更新、管理、建库、共享与交换和产品开发。

2　规范性引用文件

下列文件对于本文件的应用是必不可少的。凡是注日期的引用文件，仅所注日期的版本适用于本文件。凡是不注日期的引用文件，其最新版本（包括所有的修改单）适用于本文件。

GB/T 13923—2006　基础地理信息要素分类与代码

3　术语和定义

下列术语和定义适用于本标准。

3.1

城市交通　urban traffic

城市地域范围内（包括市区、郊区及乡村）道路（地面、地下、高架、水道、索道等）系统间的公众出行和客货输送。

3.2

交通地理信息　traffic geographic information

在交通活动和交通管理工作中，直接或间接与空间位置相关信息的总称。

3.3

基础地理信息　fundamental geographic information

反映地球表层水系、居民地及建筑设施、交通、管线、境界与政区、地貌、植被与土质等自然和人文要素的位置、形态和属性的基本信息，以及地名和地理空间参考信息。主要通过数字矢量地图数据（数字线划地图数据）、数字正射影像数据、数字高程模型数据、数字栅格地图数据等形式表现。

3.4

交通公共地理信息　traffic public geographic information

多个业务部门共用的交通地理信息。如公共交通、城际交通、重点单位等。

3.5

交通业务专用地理信息　traffic professional geographic information

描述业务单位内部应用,反映业务管理特征的地理信息。如道路养护专用地理信息中的重点养护路段、养护设备等。

3.6

动态交通地理信息　dynamic traffic geographic information

反映交通活动动态变化的交通地理信息。如事故信息、道路异常、道路交通流等。

4　分类原则与方法

4.1　分类原则

4.1.1　本标准信息内容以静态交通地理信息为主,动态交通地理信息为辅。其中,动态交通地理信息仅对道路指挥中常用的道路异常、特殊事件和道路交通流信息进行分类。

4.1.2　将交通地理信息按照数据来源、数据内容、数据应用范围、数据更新维护分工特点划分为基础地理信息、交通公共地理信息、交通业务专用地理信息。

4.1.3　交通业务专用地理信息中的部分业务管理涉及相应的交通公共地理信息,其关系界定为:

(1)交通公共地理信息描述多个交通业务部门关心的、具备地理实体特征的信息,其信息为该地理实体的基本信息;

(2)交通业务专用地理信息建立专用信息分类,其地理实体特征通过与交通公共地理信息的一个或多个分类信息关联进行提取,描述业务特征内容。

4.2　分类方法

4.2.1　采用线分类法对交通地理信息进行分类,将交通地理信息按门类、大类、中类和小类划分并构成交通地理信息分类体系。依据分类原则,将交通地理信息划分为基础地理信息、交通公共地理信息、交通业务专用地理信息三大门类,见图1-1-1。

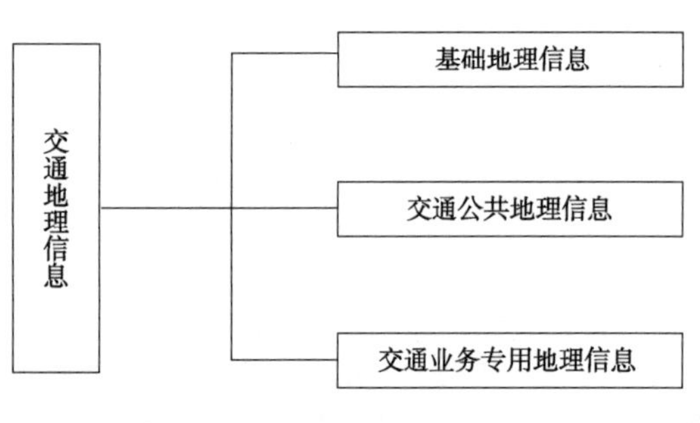

图1-1-1　交通地理信息门类

4.2.2　基础地理信息

基础地理信息采用GB/T 13923—2006中的分类方法。本标准的大类对应GB/T 13923—2006中的大类(见图1-1-2),中类对应其中类,小类对应其小类,不再划分子类。

4.2.3　交通公共地理信息分类

交通公共地理信息按照综合应用要求划分为七大类(见图1-1-3),每一大类又按其不同特点划分为中类和小类。

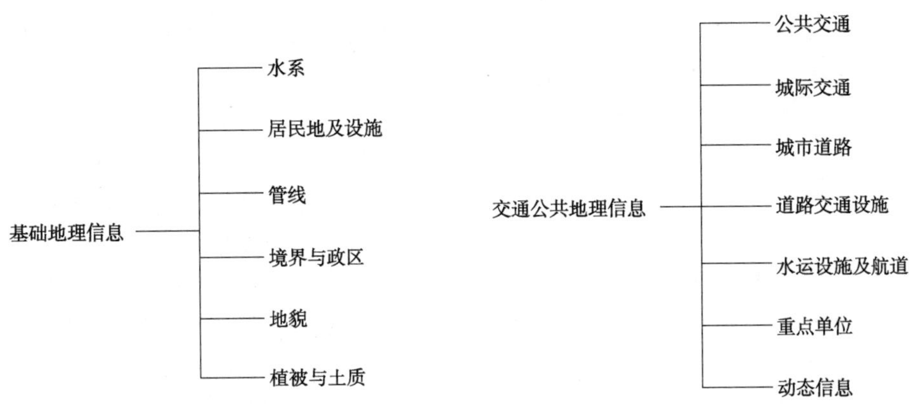

基础地理信息
水系
居民地及设施
管线
境界与政区
地貌
植被与土质

图 1-1-2　基础地理信息大类

交通公共地理信息
公共交通
城际交通
城市道路
道路交通设施
水运设施及航道
重点单位
动态信息

图 1-1-3　交通公共地理信息大类

4.2.4　交通业务专用地理信息分类

(1)交通业务专用地理信息内容宜包含以下内容：

——交通业务部门的组织(机构)信息：指描述交通业务各单位的所在地、管辖范围、责任点、责任线路、责任区等可在地图上标注的信息。如行政执法的范围与辖区等；

——交通业务管理的人员(或对象)如机动车驾驶员信息、车辆维修点等所在地信息；

——交通业务管理的事件(故)如交通堵塞与道路异常发生地信息；

——交通业务管理的场所、线路和区域如车辆监管重点防控区域的分布信息；

交通业务管理的(或业务所需要的)物品如反光材料、路障设施、执法车辆等管制物品的所在地及存放地信息；

——业务管理的机构(或设施)如路政管理中的路政设施信息；

——业务工作方(预)案信息，包括交通疏导线路、疏导范围等。

(2)交通业务专用地理信息大类按照业务种类划分为 19 类，见图 1-1-4。

(3)交通业务专用地理信息的大类按照业务管理特征划分为中类和小类，参见附录 1-1-1 和附录 1-1-2。

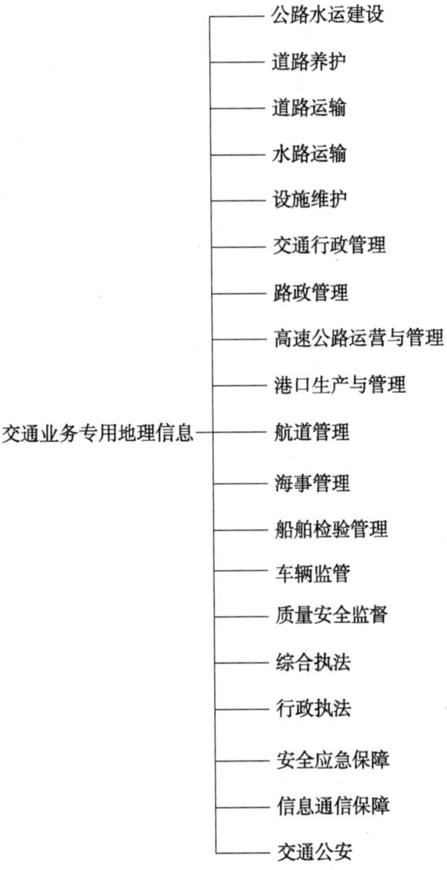

交通业务专用地理信息
公路水运建设
道路养护
道路运输
水路运输
设施维护
交通行政管理
路政管理
高速公路运营与管理
港口生产与管理
航道管理
海事管理
船舶检验管理
车辆监管
质量安全监督
综合执法
行政执法
安全应急保障
信息通信保障
交通公安

图 1-1-4　交通业务专用地理信息大类

5　编码方法

5.1　交通地理信息代码由 1 位大写英文字母和 7 位数字组成，其结构如图 1-1-5 所示：

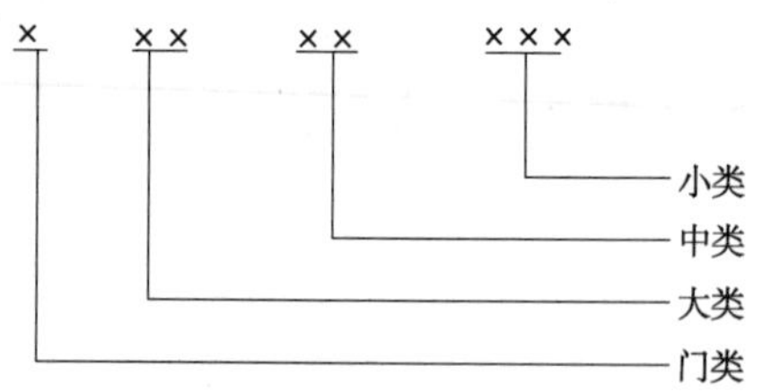

图 1-1-5 交通地理信息编码结构

第一位表示门类，用一位大写字母标识：A 为基础地理信息，B 为交通公共地理信息，C 为交通业务专用地理信息；

第二、三位表示大类，用两位数字 00～99 表示；

第四、五位表示中类，用两位数字 00～99 表示；

第六至八位表示小类，用三位数字 000～999 表示。

5.2 基础地理信息代码参照 GB/T 13923—2006 进行编制。其中大类码由 GB/T 13923—2006 中的大类码前补 0 组成；中类码由 GB/T 13923—2006 中的中类码前补 0 组成；小类码采用 GB/T 13923—2006 中的小类码，不足三位前面补 0。例如基础地理信息中的常年河，GB/T 13923—2006 中的编码为 210100，在本标准中编码为 A0201001。基础地理信息代码与 GB/T 13923—2006 代码对照表见附录 1-1-3。

5.3 交通业务专用地理信息大类代码参照交通组织机构编制，其中类和小类由各业务部门自行确定。

5.4 需要在本标准基础上扩充新的交通地理信息时，原则上从本层代码最大值按递减方式进行扩充。

5.5 对于编码结构的 6、7、8 位，需要时可扩展位码，以便于在应用过程中分类增加后的便捷扩展。

5.6 交通地理信息扩充后，应在本标准归口单位备案。

6 代码表

交通地理信息分类与代码表见表 1-1-1。

交通地理信息分类与代码表 表 1-1-1

代 码	名 称	说 明
A	基础地理信息	
A0200000	水系	
A0201000	河流	
A0201001	常年河	
A0201002	时令河	
A0201003	干涸河(干河床)	
A0201900	河流注记	
A0202000	沟渠	
A0202001	运河	
A0202002	干渠	
A0202003	支渠	
A0202005	渠首	
A0202006	输水渡槽	

续上表

代码	名称	说明
A0202007	输水隧道	
A0202008	倒虹吸	
A0202010	干沟	
A0202900	沟渠注记	
A0203000	湖泊	
A0203001	常年湖、塘	
A0203002	时令湖	
A0203003	干涸湖	
A0203900	湖泊注记	
A0204000	水库	
A0204001	库区	
A0204002	溢洪道	
A0204003	泄洪洞、出水口	
A0204900	水库注记	
A0205000	海洋要素	
A0205001	海域	
A0205002	海岸线	
A0205003	干出线	
A0205004	干出滩、滩涂	
A0205005	危险区	
A0205006	礁石	
A0205007	海岛	
A0205900	海洋要素注记	
A0206000	其他水系要素	
A0206001	水系交汇处	
A0206002	河、湖岛	
A0206003	沙洲	
A0206004	高水界	
A0206005	岸滩	
A0206006	水中滩	
A0206007	泉	
A0206008	水井	
A0206009	地热井	
A0206010	贮水池、水窖	
A0206011	瀑布、跌水	
A0206012	沼泽、湿地	

续上表

代　码	名　　称	说　　明
A0206013	流向	
A0206900	其他水系要素注记	
A0207000	水利及附属设施	
A0207001	堤	
A0207003	扬水站	
A0207004	行、蓄、滞洪区	
A0207005	滚水坝	
A0207006	拦水坝	
A0207007	制水坝	
A0207008	加固岸	
A0207900	水利及附属设施注记	
A0300000	居民地及设施	
A0301000	居民地	
A0301001	城镇、村庄	
A0301002	街区	
A0301003	单幢房屋、普通房屋	
A0301004	突出房屋	
A0301005	高层房屋	
A0301006	棚房	
A0301007	破坏房屋	
A0301008	架空房	
A0301009	廊房	
A0301010	其他房屋	
A0301900	居民地注记	
A0302000	工矿及其设施	
A0302001	工矿企业	
A0302002	矿井	
A0302003	露天采掘场	
A0302004	乱掘地	
A0302005	管道井(油、气)	
A0302007	废弃矿井	
A0302008	海上平台	
A0302009	地质勘探设施	
A0302010	液、气储存设备	
A0302011	工业塔形、塔类建筑	
A0302013	窑	

续上表

代　码	名　　称	说　　明
A0302014	露天设备	
A0302015	装卸设备	
A0302016	露天货栈	
A0302900	工矿及其设施注记	
A0303000	农业及其设施	
A0303001	排灌设施	
A0303002	饲养场	
A0303003	水产养殖场	
A0303004	温室、大棚	
A0303005	粮仓(库)	
A0303006	附属设施	
A0303900	农业及其设施注记	
A0304000	公共服务及其设施	
A0304005	公共传媒与通信	
A0304006	环卫设施	
A0304007	殡葬设施	
A0304900	公共服务及其设施注记	
A0305000	名胜古迹	
A0305001	古迹、遗址	
A0305002	碑、像、坊、楼、亭	
A0305900	名胜古迹注记	
A0306000	宗教设施	
A0306001	庙宇	
A0306002	清真寺	
A0306003	教堂	
A0306004	宝塔、经塔	
A0306900	宗教设施注记	
A0307000	科学观测站	
A0307001	科学观测台(站)	
A0307002	卫星地面站	
A0307003	科学试验站	
A0307900	科学观测站注记	
A0308000	其他建筑物及其设施	
A0308001	城墙	
A0308002	围墙	
A0308003	地下建筑物	

续上表

代　码	名　　称	说　　明
A0308004	建筑附属设施	
A0308005	街道设施	
A0308006	避雷针	
A0308900	其他建筑物及其设施注记	
A0500000	管线	
A0501000	输电线	
A0501001	高压输电线	
A0501002	配电线	
A0501003	附属设施	
A0501004	变电设备	
A0501900	输电线注记	
A0502000	通信线	
A0502001	陆地通信线	
A0502002	海底光缆	
A0502900	通信线注记	
A0503000	油、气、水输送主管道	
A0503001	油管道	
A0503002	天然气主管道	
A0503003	水主管道	
A0503900	油、气、水输送主管道注记	
A0504000	城市管线	
A0504001	不明管线	
A0504010	电力线	
A0504011	供电线	
A0504012	照明线	
A0504013	公共汽(电)车线	
A0504020	电信线	
A0504030	给水管线	
A0504040	排水管线	
A0504041	雨水管线	
A0504042	污水管线	
A0504043	合流管线	
A0504050	燃气管线	
A0504051	煤气管线	
A0504052	天然气管线	
A0504053	液化气管线	

续上表

代码	名称	说明
A0504060	热力管线	
A0504070	工业管线	
A0504080	综合管廊	
A0504900	城市管线注记	
A0600000	境界与政区	
A0601000	国外地区	
A0601001	国外区域	
A0601002	国界线	
A0601900	国外地区注记	
A0602000	国家行政区	
A0602001	行政区域	
A0602002	国界线	
A0602003	界桩、界碑	
A0602900	国家行政区注记	
A0603000	省级行政区	
A0603001	行政区域	
A0603002	行政区界线	
A0603003	界桩、界碑	
A0603900	省级行政区注记	
A0604000	地级行政区	
A0604001	行政区域	
A0604002	行政区界线	
A0604003	界桩、界碑	
A0604900	地级行政区注记	
A0605000	县级行政区	
A0605001	行政区域	
A0605002	行政区界线	
A0605003	界桩、界碑	
A0605900	县级行政区注记	
A0606000	乡级行政区	
A0606001	行政区域	
A0606002	行政区界线	
A0606003	界桩、界碑	
A0606900	乡级行政区注记	
A0607000	其他区域	
A0607001	自然、文化区	

续上表

代　码	名　　称	说　　明
A0607002	特殊地区	
A0607003	国有农场、林场、牧场区	
A0607004	开发区、保税区	
A0607005	村界	
A0607900	其他区域注记	
A0700000	地貌	
A0701000	等高线	
A0701001	等高线	
A0701002	草绘等高线	
A0701004	示坡线	
A0701900	等高线注记	
A0702000	高程注记点	
A0702001	高程点	
A0702002	比高点	
A0702003	特殊高程点	
A0703000	水域等值线	
A0703001	水下等高线	
A0703002	等深线	
A0703900	水域等值线注记	
A0704000	水下注记点	
A0704001	水深点	
A0704002	水下高程点	
A0704003	干出高度点	
A0705000	自然地貌	
A0705001	峰、柱	
A0705002	漏斗	
A0705003	山洞、溶洞	
A0705004	火山口	
A0705005	沟壑	
A0705006	陡崖(坎、岸)	
A0705007	陡石山、露岩地	
A0705008	沙地	
A0705010	地质灾害地貌	
A0705900	自然地貌注记	
A0706000	人工地貌	
A0706001	斜坡	

续上表

代码	名称	说明
A0706002	田坎、路堑、沟堑、路堤	
A0706003	垄	
A0706900	人工地貌注记	
A0800000	植被与土质	
A0801000	农林用地	
A0801001	地类界	
A0801002	田埂	
A0801003	耕地	
A0801004	园地	
A0801005	林地	
A0801006	天然草地	
A0801900	农林用地注记	
A0802000	城市绿地	
A0802001	人工绿地	
A0802002	花圃花坛	
A0802003	带状绿化树	
A0802900	城市绿地注记	
A0803000	土质	
A0803001	盐碱地	
A0803002	小草丘地	
A0803003	裸土地	
A0803004	石砾地	
A0803900	土质注记	
B	交通公共地理信息	
B0100000	公共交通	
B0101000	城市轨道交通	
B0101001	地铁线路	
B0101002	轻轨线路	
B0101003	有轨电车线路	
B0101004	无轨电车线路	
B0102000	城市道路公共交通	
B0102001	公共汽车线路	
B0102002	快速公交(BRT)线路	
B0102003	公交专用道	
B0102004	出租汽车服务站、停靠站	
B0103000	城市水上公共交通	

续上表

代　码	名　　称	说　　明
B0103001	水上公交线路	
B0103002	车渡	
B0104000	无障碍设施	
B0105000	服务设施	
B0105001	地铁、城铁站	
B0105002	轻轨站	
B0105003	长途汽车站	
B0105004	有轨电车站	
B0105005	无轨电车站	
B0105006	公交站点	
B0105007	快速公交站	
B0105008	公共自行车点	
B0105009	智能公交电子站牌	
B0105010	停车场	
B0105011	加油(气)站	
B0105012	充电站(桩)	
B0105013	公交场站	
B0105014	调度站	
B0105015	货运站	
B0105016	售票、售卡点、充值点	
B0199000	其他公共交通	
B0200000	城际交通	
B0201000	铁路	
B0201001	标准轨铁路	
B0201002	窄轨铁路	
B0201003	火车站、高铁站	
B0201900	铁路注记	
B0202000	城际公路	
B0202001	国道	
B0202002	省道	
B0202003	县道	
B0202004	乡道	
B0202005	等级公路	
B0202006	高速公路	
B0202007	高速公路出入口	
B0202008	一级公路	

续上表

代码	名称	说明
B0202009	二级公路	
B0202010	三级(含三级)以下公路	
B0202011	专用公路	
B0202012	匝道(连接道、交换道)	
B0202013	收费站	
B0202014	服务区	
B0202015	加油站	
B0202900	城际公路注记	
B0203000	村道	
B0203001	机耕路(大路)	
B0203002	村屯路	
B0203003	小路	
B0203004	时令路	
B0203005	山隘	
B0203006	栈道	
B0203900	乡村道路注记	
B0204000	空运设施	
B0204001	机场	类型含干线、支线等
B0204900	空运设施注记	
B0205000	其他交通设施	
B0205001	缆车道	
B0205002	简易轨道	
B0205003	架空索道	
B0205004	滑道	
B0205900	其他交通设施注记	
B0300000	城市道路	
B0301000	城市快速路	
B0302000	高架路(桥)	
B0303000	引道	
B0304000	街道	
B0304001	城市主干道	
B0304002	城市次干道	
B0304003	城市支路	
B0305000	内部道路	
B0306000	阶梯路	
B0399000	城市其他路	

续上表

代　码	名　　称	说　　明
B0400000	道路交通设施	
B0401000	道路构造物及附属设施	
B0401001	涵洞、门洞、下跨道	
B0401002	桥梁	
B0401003	桥墩、柱	
B0401004	人行桥	
B0401005	隧道	
B0401006	地下人行通道	
B0401007	道路交汇处	
B0402000	交通安全设施	
B0402001	防护栏	
B0402002	隔离栅	
B0402003	紧急停车带	
B0402004	交通标志	
B0402005	限高标志	
B0402006	路面标线	
B0402007	视线诱导标	
B0402008	防眩设施	
B0403000	公路交通工程设施	
B0403001	道路监控	
B0403002	通信设施	
B0403003	收费设施	
B0403004	公路沿线供配电	
B0403005	公路照明设施	
B0403006	智能交通运输设施	
B0404000	道路交通指挥	
B0404001	指挥控制中心	
B0404002	可变信息情报板	
B0404003	公路交通量调查点	
B0404004	交通信号控制设施	
B0404005	交通视频监控设施	
B0404006	闯红灯自动记录设施	
B0404007	公路车辆监测记录设施	
B0404008	停车管理设施	
B0404009	交通诱导设施	
B0404010	车辆定位设施	

续上表

代　码	名　　称	说　　明
B0499000	其他交通设施	
B0500000	水运设施及航道	
B0501000	船码头	
B0501001	水运港客运站	
B0501002	固定顺岸码头	
B0501003	固定堤坝码头	
B0501004	栈桥式码头	
B0501005	浮码头	
B0501006	干船坞	
B0502000	防波堤	
B0503000	锚地	
B0504000	助航标志	
B0504001	灯塔	
B0504002	灯桩	
B0504003	灯船	
B0504004	浮标	
B0504005	岸标、立标	
B0504006	信号杆、信号台	
B0504007	系船浮筒	
B0504008	过江管线标	
B0505000	航行险区	
B0505001	沉船(露出)	
B0505002	沉船(淹没)	
B0505003	急流区域	
B0505004	漩涡区域	
B0506000	港口	
B0506001	国际贸易港	
B0506002	海港	
B0506003	河港	
B0507000	渡口	
B0507001	火车渡	
B0507002	汽车渡	
B0507003	人渡	
B0507004	汽车徒涉场	
B0507005	行人徒涉场	
B0507006	跳墩	

续上表

代码	名称	说明
B0507007	漫水路面	
B0507008	过河缆	
B0508000	通航河段起讫点	
B0509000	航海线	
B0509001	国际航线	
B0509002	国内(内河、沿海)航线	
B0510000	通航设施	
B0510001	船闸	
B0510002	升船机	
B0599000	其他水运设施	
B0600000	重点单位	
B0601000	交通运输行业相关单位	
B0601001	政府单位	
B0601002	企事业单位	
B0601003	技校、驾培单位	
B0601004	交通运输行业生产制造单位	
B0601005	养护单位	
B0601006	邮政站点、分拨站	
B0602000	党政机关	
B0602001	党委	
B0602002	人大	
B0602003	政协	
B0602004	人民政府	
B0602005	人民解放军、武警部队	
B0602006	检察院	
B0602007	法院	
B0603000	人民团体与民主党派	
B0603001	人民团体	各级工会、共青团、妇联、文联、残联等
B0603002	民主党派	
B0603003	宗教团体	
B0603004	学会、协会、基金会	
B0604000	基层群众自治组织	
B0604001	居委会	
B0604002	村委会	
B0605000	驻地机构	
B0606000	公安机关	

续上表

代　码	名　　称	说　　明
B0606001	国家公安部门及所属单位	
B0606002	市公安局及所属业务局、处、总队、分县局	
B0606003	基层科、队、所	
B0606004	社区警务工作站、执法站、巡逻岗亭	
B0606005	看押场所	看守所、监狱、劳动教养所、戒毒所等
B0607000	非交通运输行业相关企事业单位	
B0607001	国防、军工企事业	
B0607002	航空航天企事业	
B0607003	大型厂矿企业	
B0607004	三资企业(含驻地外商机构及分公司)	
B0607005	一般企事业单位、公司(除三资)	
B0608000	新闻机构	
B0608001	广播电台、电视台	
B0608002	新闻通讯社	
B0608003	报社、杂志社	
B0608004	出版社	
B0608005	影视制作中心、电影制片厂	
B0608006	境外驻地新闻机构	
B0609000	文化场所	
B0609001	博物馆	
B0609002	图书馆	
B0609003	展览馆	
B0609004	档案馆	
B0609005	纪念馆	
B0609006	艺术馆	
B0609007	美术馆	
B0609008	科技馆(站)	
B0609009	展览中心	
B0609010	文物保护单位	
B0609011	群众文化场所	老年活动中心、青少年宫、文化宫、武馆等
B0609012	文艺团体	文工团、歌舞团、曲艺团、艺术团等
B0609013	宗教场所	教堂、寺、庙、宫、观等
B0610000	医疗卫生	
B0610001	医院	综合医院、专科医院、中医院、门诊部等
B0610002	急救中心	
B0610003	卫生防疫中心(站)	

续上表

代 码	名 称	说 明
B0610004	整形美容	
B0610005	疗养院、康复中心	
B0610006	保健所(站)	
B0610007	药品检验所(室、中心)	
B0610008	动物医院、兽医站	
B0610009	药店、药房	
B0610900	其他医疗卫生单位	
B0611000	教育机构	
B0611001	大中专院校	
B0611002	中小学	
B0611003	学前教育	幼儿园、托儿所
B0611004	成人教育、职高、技校、艺术学校等	除交通相关单位外
B0611005	特殊教育学校	
B0611006	民办或私立学校	
B0611007	职业或语言培训学校(中心)	
B0611008	涉外学校	驻地使馆学校、驻地国际学校等
B0612000	体育场所	
B0612001	体育场馆	
B0612002	运动俱乐部	
B0612003	健身房、健身中心	
B0612004	游泳场	
B0612900	其他休闲运动场所	
B0613000	科研院所	
B0613001	研究院(所)、设计院、研究咨询机构	
B0614000	外国政府国际组织驻华机构	
B0614001	使馆	
B0614002	领事馆	
B0614900	其他驻地国际组织(机构)	
B0615000	金融证券	
B0615001	信托投资公司	
B0615002	证券经纪与交易单位	
B0615003	银行及其分支机构	
B0615004	保险公司及其分支机构	
B0615005	珠宝店	
B0615006	典当行	
B0615007	涉外金融证券与保险机构	

续上表

代　码	名　　称	说　　明
B0616000	商业单位	
B0616001	商场超市	
B0616002	贸易批发市场	
B0616003	商业网点	
B0617000	宾馆饭店	
B0617001	星级宾馆	
B0617002	一般宾馆	
B0617003	普通旅馆	
B0617004	涉外宾馆饭店	
B0618000	餐饮服务	
B0618001	酒店餐馆	
B0618002	中西式快餐店、料理	
B0618003	其他餐饮服务场所	
B0619000	危险场所	
B0619001	水、电、气、热、通信等要害部门	
B0619002	生化厂	
B0619003	炼油厂	
B0619004	煤气站	
B0619005	液化气站	
B0619006	危险品仓库	
B0620000	娱乐场所	
B0620001	影剧院	
B0620002	俱乐部、夜总会	
B0620003	洗浴、桑拿、按摩等	
B0620004	歌舞厅、卡拉 OK 厅、迪厅	
B0620005	游乐场、电子游艺厅、其他博弈场所	
B0620006	录像厅(馆)	
B0620007	网吧	
B0620008	酒吧	
B0620009	茶馆、咖啡厅等	
B0621000	旅游景点	
B0621001	公园	
B0621002	文化古迹	
B0621003	风景区	
B0622000	小区楼宇	
B0622001	小区	

续上表

代　码	名　　称	说　　明
B0622002	园区	
B0622003	家属楼、公寓、集体宿舍等	
B0622004	写字楼、大厦	
B0699000	其他类型的单位	
B0700000	动态信息	
B0701000	道路交通事故	
B0702000	抛锚	
B0703000	道路异常	货物散落、路面积水、路面积雪、路面结冰、路面损毁、煤气管爆裂、水管爆裂、道路施工、雾、雪、雨、大风、路边火警、沙尘暴等类别
B0704000	特殊事件	
B0704001	大型集会活动	
B0704002	大范围施工	
B0704003	恐怖事件	
B0705000	道路交通流	
B0706000	临时道路交通管制	
B0707000	船闸维修	
B0708000	水位变化	
B0799000	其他动态信息	
C	交通业务专用地理信息	
C0100000	公路水运建设	
C0200000	道路养护	
C0300000	道路运输	
C0400000	水路运输	
C0500000	设施维护	
C0600000	交通行政管理	
C0700000	路政管理	
C0800000	高速公路运营与管理	
C0900000	港口生产与管理	
C1000000	航道管理	
C1100000	海事管理	
C1200000	船舶检验管理	
C1300000	车辆监管	
C1400000	质量安全监督	
C1500000	综合执法	
C1600000	行政执法	

续上表

代　码	名　　称	说　　明
C1700000	安全应急保障	
C1800000	信息通信保障	
C1900000	交通公安	

附　录　1-1-1
(资料性附录)

道路养护业务专用地理信息分类示例见附表1-1-1。

道路养护业务专用地理信息分类示例　　附表1-1-1

代　码	名　　称	说　　明
C0200000	道路养护	
C0201000	日常养护	包括路面、路肩、路边、人行道、桥梁、交通服务设施、排水及冰雪控制等
C0202000	大修	包括线路及工程设施的改扩建、路面大修等
C0203000	养护部门	包括养护部门、管理单位
C0203001	养护管理机构	
C0203002	道路养护企业	包括机械设备厂、制刷厂、涂料厂、标志器材厂等
C0204000	重点养护路段	包括车流量大的路段、重型车多行驶路段、交通情况复杂路段等
C0205000	路面道路养护信息	
C0205001	砂砾、碎石路面信息	
C0205002	低级沥青路面信息	
C0205003	高级沥青路面信息	
C0205004	水泥混凝土路面信息	
C0206000	道路养护设备	
C0206001	维护与抢修救援车辆	包括养护车、抢修车、沥青路面修补车、沥青洒布车、清障车、清扫车等
C0206002	机械	包括热再生机、抛丸机、碎石撒布机、稀浆封层机、除雪机、铣刨机等
C0206003	维修与抢险救援设备	包括画线设备、开槽设备、碎石封层设备等

附 录 1-1-2
(资料性附录)

道路运输业务专用地理信息分类示例见附表 1-1-2。

道路运输业务专用地理信息分类示例 附表 1-1-2

代 码	名 称	说 明
C0300000	道路运输	
C0301000	货运	
C0301001	普通货运	
C0301002	货物专用运输	
C0301003	集装箱汽车运输	
C0301004	大型物件运输	
C0301005	危险货物运输	
C0301006	国际道路货物运输	
C0301007	口岸	
C0302000	客运	
C0302001	班车(加班车)客运	
C0302002	包车客运	
C0302003	旅游客运	
C0302004	国际道路旅客运输	
C0303000	站(场)经营	
C0304000	机动车维修	
C0305000	机动车驾驶员培训	
C0306000	汽车综合性能检测	
C0307000	汽车租赁	
C0308000	其他	

附 录 1-1-3
(资料性附录)

基础地理信息代码与地理信息要素代码对照表见附表 1-1-3。

基础地理信息代码与 GB/T 13923—2006 地理信息要素代码对照表 附表 1-1-3

名 称	基础地理信息代码	地理信息要素代码
水系	A0200000	200000
河流	A0201000	210000
常年河	A0201001	210100
时令河	A0201002	210200
干涸河(干河床)	A0201003	210300

续上表

名 称	基础地理信息代码	地理信息要素代码
河流注记	A0201900	219000
沟渠	A0202000	220000
运河	A0202001	220100
干渠	A0202002	220200
支渠	A0202003	220300
渠首	A0202005	220500
输水渡槽	A0202006	220600
输水隧道	A0202007	220700
倒虹吸	A0202008	220800
干沟	A0202010	221000
沟渠注记	A0202900	229000
湖泊	A0203000	230000
常年湖、塘	A0203001	230100
时令湖	A0203002	230200
干涸湖	A0203003	230300
湖泊注记	A0203900	239000
水库	A0204000	240000
库区	A0204001	240100
溢洪道	A0204002	240200
泄洪洞、出水口	A0204003	240300
水库注记	A0204900	249000
海洋要素	A0205000	250000
海域	A0205001	250100
海岸线	A0205002	250200
干出线	A0205003	250300
干出滩、滩涂	A0205004	250400
危险区	A0205005	250500
礁石	A0205006	250600
海岛	A0205007	250700
海洋要素注记	A0205900	259000
其他水系要素	A0206000	260000
水系交汇处	A0206001	260100
河、湖岛	A0206002	260200
沙洲	A0206003	260300
高水界	A0206004	260400
岸滩	A0206005	260500

续上表

名　称	基础地理信息代码	地理信息要素代码
水中滩	A0206006	260600
泉	A0206007	260700
水井	A0206008	260800
地热井	A0206009	260900
贮水池、水窖	A0206010	261000
瀑布、跌水	A0206011	261100
沼泽、湿地	A0206012	261200
流向	A0206013	261300
其他水系要素注记	A0206900	269000
水利及附属设施	A0207000	270000
堤	A0207001	270100
扬水站	A0207003	270300
行、蓄、滞洪区	A0207004	270400
滚水坝	A0207005	270500
拦水坝	A0207006	270600
制水坝	A0207007	270700
加固岸	A0207008	270800
水利及附属设施注记	A0207900	279000
居民地及设施	A0300000	300000
居民地	A0301000	310000
城镇、村庄	A0301001	310100
街区	A0301002	310200
单幢房屋、普通房屋	A0301003	310300
突出房屋	A0301004	310400
高层房屋	A0301005	310500
棚房	A0301006	310600
破坏房屋	A0301007	310700
架空房	A0301008	310800
廊房	A0301009	310900
其他房屋	A0301010	311000
行政机构位置标识	A0301011	311100
居民地注记	A0301900	319000
工矿及其设施	A0302000	320000
工矿企业	A0302001	320100
矿井	A0302002	320200
露天采掘场	A0302003	320300

续上表

名　　称	基础地理信息代码	地理信息要素代码
乱掘地	A0302004	320400
管道井(油、气)	A0302005	320500
废弃矿井	A0302007	320700
海上平台	A0302008	320800
地质勘探设施	A0302009	320900
液、气贮存设备	A0302010	321000
工业塔形、塔类建筑	A0302011	321100
窑	A0302013	321300
露天设备	A0302014	321400
装卸设备	A0302015	321500
露天货栈	A0302016	321600
工矿及其设施注记	A0302900	329000
农业及其设施	A0303000	330000
排灌设施	A0303001	330100
饲养场	A0303002	330200
水产养殖场	A0303003	330300
温室、大棚	A0303004	330400
粮仓(库)	A0303005	330500
附属设施	A0303006	330600
农业及其设施注记	A0303900	339000
公共服务及其设施	A0304000	340000
公共传媒与通信	A0304005	340500
环卫设施	A0304006	340600
殡葬设施	A0304007	340700
公共服务及其设施注记	A0304900	349000
名胜古迹	A0305000	350000
古迹、遗址	A0305001	350100
碑、像、坊、楼、亭	A0305002	350200
名胜古迹注记	A0305900	359000
宗教设施	A0306000	360000
庙宇	A0306001	360100
清真寺	A0306002	360200
教堂	A0306003	360300
宝塔、经塔	A0306004	360400
宗教设施注记	A0306900	369000
科学观测站	A0307000	370000

续上表

名　　称	基础地理信息代码	地理信息要素代码
科学观测台(站)	A0307001	370100
卫星地面站	A0307002	370200
科学试验站	A0307003	370300
科学观测站注记	A0307900	379000
其他建筑物及其设施	A0308000	380000
城墙	A0308001	380100
围墙	A0308002	380200
地下建筑物	A0308003	380300
建筑附属设施	A0308004	380400
街道设施	A0308005	380500
避雷针	A0308006	380600
其他建筑物及其设施注记	A0308900	389000
管线	A0500000	500000
输电线	A0501000	510000
高压输电线	A0501001	510100
配电线	A0501002	510200
附属设施	A0501003	510300
变电设备	A0501004	510400
输电线注记	A0501900	519000
通信线	A0502000	520000
陆地通信线	A0502001	520100
海底光缆	A0502002	520200
通信线注记	A0502900	529000
油、气、水输送主管道	A0503000	530000
油管道	A0503001	530100
天然气主管道	A0503002	530200
水主管道	A0503003	530300
油、气、水输送主管道注记	A0503900	539000
城市管线	A0504000	540000
不明管线	A0504001	540100
电力线	A0504010	541000
供电线	A0504011	541100
照明线	A0504012	541200
公共汽(电)车线	A0504013	541300
电信线	A0504020	542000
给水管线	A0504030	543000

续上表

名　　称	基础地理信息代码	地理信息要素代码
排水管线	A0504040	544000
雨水管线	A0504041	544100
污水管线	A0504042	544200
合流管线	A0504043	544300
燃气管线	A0504050	545000
煤气管线	A0504051	545100
天然气管线	A0504052	545200
液化气管线	A0504053	545300
热力管线	A0504060	546000
工业管线	A0504070	547000
综合管廊	A0504080	548000
城市管线注记	A0504090	549000
境界与政区	A0600000	600000
国外地区	A0601000	610000
国外区域	A0601001	610100
国界线	A0601002	610200
国外地区注记	A0601900	619000
国家行政区	A0602000	620000
行政区域	A0602001	620100
国界线	A0602002	620200
界桩、界碑	A0602003	620300
国家行政区注记	A0602900	629000
省级行政区	A0603000	630000
行政区域	A0603001	630100
行政区界线	A0603002	630200
界桩、界碑	A0603003	630300
省级行政区注记	A0603900	639000
地级行政区	A0604000	640000
行政区域	A0604001	640100
行政区界线	A0604002	640200
界桩、界碑	A0604003	640300
地级行政区注记	A0604900	649000
县级行政区	A0605000	650000
行政区域	A0605001	650100
行政区界线	A0605002	650200
界桩、界碑	A0605003	650300

续上表

名　称	基础地理信息代码	地理信息要素代码
县级行政区注记	A0605900	659000
乡级行政区	A0606000	660000
行政区域	A0606001	660100
行政区界线	A0606002	660200
界桩、界碑	A0606003	660300
乡级行政区注记	A0606900	669000
其他区域	A0607000	670000
自然、文化区	A0607001	670100
特殊地区	A0607002	670200
国有农场、林场、牧场区	A0607003	670300
开发区、保税区	A0607004	670400
村界	A0607005	670500
其他区域注记	A0607900	679000
地貌	A0700000	700000
等高线	A0701000	710000
等高线	A0701001	710100
草绘等高线	A0701002	710200
示坡线	A0701004	710400
等高线注记	A0701900	719000
高程注记点	A0702000	720000
高程点	A0702001	720100
比高点	A0702002	720200
特殊高程点	A0702003	720300
水域等值线	A0703000	730000
水下等高线	A0703001	730100
等深线	A0703002	730200
水域等值线注记	A0703900	739000
水下注记点	A0704000	740000
水深点	A0704001	740100
水下高程点	A0704002	740200
干出高度点	A0704003	740300
自然地貌	A0705000	750000
峰、柱	A0705001	750100
漏斗	A0705002	750200
山洞、溶洞	A0705003	750300
火山口	A0705004	750400

续上表

名　称	基础地理信息代码	地理信息要素代码
沟壑	A0705005	750500
陡崖(坎、岸)	A0705006	750600
陡石山、露岩地	A0705007	750700
沙地	A0705008	750800
雪山	A0705009	750900
地质灾害地貌	A0705010	751000
自然地貌注记	A0705900	759000
人工地貌	A0706000	760000
斜坡	A0706001	760100
田坎、路堑、沟堑、路堤	A0706002	760200
垄	A0706003	760300
人工地貌注记	A0706900	769000
植被与土质	A0800000	800000
农林用地	A0801000	810000
地类界	A0801001	810100
田埂	A0801002	810200
耕地	A0801003	810300
园地	A0801004	810400
林地	A0801005	810500
天然草地	A0801006	810600
农林用地注记	A0801900	819000
城市绿地	A0802000	820000
人工绿地	A0802001	820100
花圃花坛	A0802002	820200
带状绿化树	A0802003	820300
城市绿地注记	A0802900	829000
土质	A0803000	830000
盐碱地	A0803001	830100
小草丘地	A0803002	830200
裸土地	A0803003	830300
石砾地	A0803004	830400
土质注记	A0803900	839000

第二章　城市交通地理信息属性数据结构

1　范围

本标准规定了城市交通地理信息的属性数据结构。

本标准适用于城市交通地理信息数据采集、整理、更新、管理、建库、共享与交换和产品开发。

2　规范性引用文件

下列文件对于本文件的应用是必不可少的。凡是注日期的引用文件,仅所注日期的版本适用于本文件。凡是不注日期的引用文件,其最新版本(包括所有的修改单)适用于本文件。

GB/T 920—2002　公路路面等级与面层类型代码

GB/T 2260—2007　中华人民共和国行政区划代码

GB/T 2659—2000　世界各国和地区名称代码(eqv ISO 3166－1:1997)

GB/T 10302—2010　中华人民共和国铁路车站代码

GB/T 13923—2006　基础地理信息要素分类与代码

GA/T 380—2012　全国公安机关机构代码编制规则

DB45/T 1190—2015　城市交通地理信息分类与代码

3　术语和定义

下列术语与定义适用于本标准。

3.1

属性数据　attribute data

描述地理实体特征的数据,如类型、名称、性质等。

4　属性数据项的分类

按照地理实体的自然属性、社会属性将地理实体的属性数据项分为基本属性数据项、扩展属性数据项、业务专用属性数据项。

4.1　基本属性数据项

指描述地理实体标识特征、几何特征的属性数据项,如地理实体的标识码、线状地理实体的长度等。基本数据项在第 7 章中进行了规定。

4.2 扩展属性数据项

指描述地理实体类别特征、说明信息、关系特征的属性数据项,如地理实体的分类代码、名称、类型等。扩展数据项在第 7 章中进行了规定。

4.3 交通业务专用属性数据项

指描述地理实体与业务管理关联特征、业务管理特征的属性数据项,通常指特定业务部门为了便于管理对象而赋予对象的用于标识其业务特征的数据项。

5 属性数据项内容

5.1 基本属性数据项内容

5.1.1 标识码:用于标识图层内地理实体的编码;

5.1.2 几何特征的属性数据项

(1)面状地理实体的面积:记录系统计算的面积。

(2)线状地理实体的长度:记录系统计算的长度。

(3)地理实体的周长:记录系统计算的长度。

基本属性数据项为较固定,地理信息系统软件都缺省支持,本标准不再描述。

5.2 扩展属性数据项内容

5.2.1 分类特征的属性数据项

(1)分类代码:根据 DB/T 1190—2015 城市交通地理信息分类与代码确定的此地理实体所属的类别代码。

(2)国标代码:国家或行业标准中存在的地理实体相关类别代码。

5.2.2 说明信息的属性数据项

(1)名称:本地理实体的汉语名称,一般应以国家有关部门认定的名称为准。

(2)类型:本地理实体的性质说明,一般应以国家有关部门认定的类型为准。

(3)所属交通分区:本地理实体所在的交通管理分区名称。

5.2.3 关联特征的属性数据项

(1)空间拓扑描述,用来标识本地理实体的空间拓扑结构所必需的扩展数据项。例如,描述道路网路的结点信息等。

(2)更新时间:用来标识本地理实体的更新日期。

5.3 交通业务专用属性数据项内容

5.3.1 地理关联的属性数据项

(1)地理信息关联唯一标识码:业务专用数据和地理信息关联的唯一标识码。

(2)关联业务专用数据项目:业务专用数据项中作为关键字的一个或多个数据项,可唯一区分每个业务专用数据。

5.3.2 交通业务特征的属性数据项

为交通业务专用部门的管理信息,其确定、编排、精度等由各业务专用部门制定。

6 属性数据项字段名称的命名原则

6.1 命名方法

采用汉语拼音首字母组合法进行属性数据项字段名称的命名,即字段名称由属性数据项名称的每个汉字拼音的第一个字母组合而成。如果名称有重复,将之后出现的属性数据项中的最后一个汉字改为全拼;如果再有重复,再将倒数第二个汉字改为全拼,以此类推,直至没有重复为止。例如"站点名称"的字段名称为"ZDMC",后面还有"终点名称",则其字段名称为"ZDMCHENG"。

6.2 命名约束

——字段名称规定为不超过 10 个字符。

——对国家或行业标准中已定义的字段名称要以其为准。

7 交通地理信息属性结构扩展数据项

7.1 基础地理信息属性结构扩展数据项

7.1.1 点、线、面状水系属性结构扩展数据项见表 1-2-1。

点、线、面状水系　　表 1-2-1

属性数据项	字段名称	字段类型	字段长度	是否必选项	说明
分类代码	FLDM	字符型	8	是	应符合 DB45/T 1190—2015 的要求
国标代码	GBDM	字符型	5	是	应符合 GB/T 13923—2006 的要求
名称	MC	字符型	50	是	
类型	LX	字符型	4	否	0701 池塘 0702 水库 0703 江河 0704 湖泊 0705 海域 0709 其他水域
更新时间	GXSJ	日期型	8	是	YYYY - MM - DD

7.1.2 水系标注属性结构扩展数据项见表1-2-2。

水系标注

表1-2-2

属性数据项	字段名称	字段类型	字段长度	是否必选项	说明
分类代码	FLDM	字符型	8	是	应符合DB45/T 1190—2015的要求
更新时间	GXSJ	日期型	8	是	YYYY－MM－DD

7.1.3 居民地标注属性结构扩展数据项见表1-2-3。

居民地标注

表1-2-3

属性数据项	字段名称	字段类型	字段长度	是否必选项	说明
分类代码	FLDM	字符型	8	是	应符合DB45/T 1190—2015的要求
更新时间	GXSJ	日期型	8	是	YYYY－MM－DD

7.1.4 居民地属性结构扩展数据项见表1-2-4。

居民地

表1-2-4

属性数据项	字段名称	字段类型	字段长度	是否必选项	说明
分类代码	FLDM	字符型	8	是	应符合DB45/T 1190—2015的要求
国标代码	GBDM	字符型	5	是	应符合GB/T 13923—2006的要求
名称	MC	字符型	50		
更新时间	GXSJ	日期型	8	是	YYYY－MM－DD

7.1.5 建筑物属性结构扩展数据项见表1-2-5。

建筑物

表1-2-5

属性数据项	字段名称	字段类型	字段长度	是否必选项	说明
分类代码	FLDM	字符型	8	是	应符合DB45/T 1190—2015的要求
国标代码	GBDM	字符型	5	是	应符合GB/T 13923—2006的要求
名称	MC	字符型	50	是	
类型	LX	字符型	50	是	2401 高层楼房 2402 普通楼房 2403 平房 2404 简易房 2405 农宅 2406 别墅 2407 涉外公寓 2409 其他住宅
层数	CS	字符型	4	否	
更新时间	GXSJ	日期型	8	是	YYYY－MM－DD

7.1.6 管线属性结构扩展数据项见表1-2-6。

管　线　　表1-2-6

属性数据项	字段名称	字段类型	字段长度	是否必选项	说　明
分类代码	FLDM	字符型	8	是	应符合DB45/T 1190—2015的要求
国标代码	GBDM	字符型	5	是	应符合GB/T 13923—2006的要求
名称	MC	字符型	50	是	
类型	LX	字符型	4	是	电力、自来水、电信、燃气、污水等
权属单位	QSDW	字符型	50	是	
更新时间	GXSJ	日期型	8	是	YYYY-MM-DD

7.1.7 省、市、县、区、乡镇、街道界属性结构扩展数据项见表1-2-7。

省、市、县、区、乡镇、街道界　　表1-2-7

属性数据项	字段名称	字段类型	字段长度	是否必选项	说　明
分类代码	FLDM	字符型	8	是	应符合DB45/T 1190—2015的要求
国标代码	GBDM	字符型	5	是	应符合GB/T 13923—2006的要求
名称	MC	字符型	50	是	
行政区代码	XZQDM	字符型	6	是	应符合GB/T 2260—2007的要求
更新时间	GXSJ	日期型	8	是	YYYY-MM-DD

7.1.8 省、市、县、区、乡镇、街道界线属性结构扩展数据项见表1-2-8。

省、市、县、区、乡镇、街道界线　　表1-2-8

属性数据项	字段名称	字段类型	字段长度	是否必选项	说　明
分类代码	FLDM	字符型	8	是	应符合DB45/T 1190—2015的要求
国标代码	GBDM	字符型	5	是	应符合GB/T 13923—2006的要求
名称	MC	字符型	50	是	
左行政区代码	ZXZQDM	字符型	6	是	应符合GB/T 2260—2007的要求
右行政区代码	YXZQDM	字符型	6	是	应符合GB/T 2260—2007的要求
更新时间	GXSJ	日期型	8	是	YYYY-MM-DD

7.1.9 等高线、高程点属性结构扩展数据项见表1-2-9。

等高线、高程点　　表1-2-9

属性数据项	字段名称	字段类型	字段长度	是否必选项	说　明
分类代码	FLDM	字符型	8	是	应符合DB45/T 1190—2015的要求
国标代码	GBDM	字符型	5	是	应符合GB/T 13923—2006的要求

续上表

属性数据项	字段名称	字段类型	字段长度	是否必选项	说明
高程	GC	数值型	18,5	是	
更新时间	GXSJ	日期型	8	是	YYYY - MM - DD

7.1.10 点、线状地貌属性结构扩展数据项见表1-2-10。

点、线状地貌　　表1-2-10

属性数据项	字段名称	字段类型	字段长度	是否必选项	说明
分类代码	FLDM	字符型	8	是	应符合 DB45/T 1190—2015 的要求
国标代码	GBDM	字符型	5	是	应符合 GB/T 13923—2006 的要求
名称	MC	字符型	50	是	
更新时间	GXSJ	日期型	8	是	YYYY - MM - DD

7.1.11 点、线、面状植被属性结构扩展数据项见表1-2-11。

点、线、面状植被　　表1-2-11

属性数据项	字段名称	字段类型	字段长度	是否必选项	说明
分类代码	FLDM	字符型	8	是	应符合 DB45/T 1190—2015 的要求
国标代码	GBDM	字符型	5	是	应符合 GB/T 13923—2006 的要求
名称	MC	字符型	50	是	
更新时间	GXSJ	日期型	8	是	YYYY - MM - DD

7.2 交通公共地理信息属性结构扩展数据项

7.2.1 地铁、轻轨线路属性结构扩展数据项见表1-2-12。

地铁、轻轨线路　　表1-2-12

属性数据项	字段名称	字段类型	字段长度	是否必选项	说明
分类代码	FLDM	字符型	8	是	应符合 DB45/T 1190—2015 的要求
国标代码	GBDM	字符型	5	是	应符合 GB/T 13923—2006 的要求
名称	MC	字符型	50	是	
线路名称	XLMC	字符型	50	是	
起点名称	QDMC	字符型	50	是	
终点名称	ZDMC	字符型	50	是	
全长	QC	数值型	18,5	是	
站数	ZS	数值型	8	是	
换乘站数	HCZS	数值型	8	是	

续上表

属性数据项	字段名称	字段类型	字段长度	是否必选项	说　明
控制中心	KZZX	字符型	50	是	
车辆段	CLD	字符型	50	是	
停车场	TCC	字符型	50	是	
变电站	BDZ	字符型	50	是	
车型	CX	字符型	50	是	
车辆编组	CLBZ	字符型	50	是	
公交换乘站点	GJHCZD	字符型	50	是	
轨道交通换乘站点	GDJTHCZD	字符型	50	是	
出租汽车换乘站点	CZQCHCZD	字符型	50	是	
公共自行车换乘站点	GGZXCHCZD	字符型	50	是	
首班车时间	SBCSJ	时间型	6	是	HHMMSS
末班车时间	MBCSJ	时间型	6	是	HHMMSS
票价	PJ	货币型	6	是	
票制	PZ	字符型	50	是	一票制、分段
运营单位	YYDW	字符型	50	是	
更新时间	GXSJ	日期型	8	是	YYYY - MM - DD

7.2.2 地铁、城铁、轻轨站点属性结构扩展数据项见表 1-2-13。

地铁、城铁、轻轨站点　　表 1-2-13

属性数据项	字段名称	字段类型	字段长度	是否必选项	说　明
分类代码	FLDM	字符型	8	是	应符合 DB45/T 1190—2015 的要求
国标代码	GBDM	字符型	5	是	应符合 GB/T 13923—2006 的要求
名称	MC	字符型	50	是	
所在路段	SZLD	字符型	50	是	
线路名称	XLMC	字符型	50	是	
线路序号	XLXH	数值型	8	是	
出入口	CRK	字符型	50	是	
轨道交通换乘线路	GDJTHCXL	字符型	50	是	
运营单位	YYDW	字符型	50	是	
更新时间	GXSJ	日期型	8	是	YYYY - MM - DD

7.2.3 电车线路属性结构扩展数据项见表 1-2-14。

电车线路 表 1-2-14

属性数据项	字段名称	字段类型	字段长度	是否必选项	说明
分类代码	FLDM	字符型	8	是	应符合 DB45/T 1190—2015 的要求
国标代码	GBDM	字符型	5	是	应符合 GB/T 13923—2006 的要求
名称	MC	字符型	50	是	
线路名称	XLMC	字符型	50	是	
起点名称	QDMC	字符型	50	是	
终点名称	ZDMC	字符型	50	是	
全长	QC	数值型	18,5	是	
站数	ZS	数值型	8	是	
公交换乘站点	GJHCZD	字符型	50	是	
轨道交通换乘站点	GDJTHCZD	字符型	50	是	
出租汽车换乘站点	CZQCHCZD	字符型	50	是	
公共自行车换乘站点	GGZXCHCZD	字符型	50	是	
首班车时间	SBCSJ	时间型	6	是	HHMMSS
末班车时间	MBCSJ	时间型	6	是	HHMMSS
票价	PJ	货币型	6	是	
票制	PZ	字符型	50	是	一票制、分段
运营单位	YYDW	字符型	50	是	
更新时间	GXSJ	日期型	8	是	YYYY-MM-DD

7.2.4 电车站点属性结构扩展数据项见表 1-2-15。

电车站点 表 1-2-15

属性数据项	字段名称	字段类型	字段长度	是否必选项	说明
分类代码	FLDM	字符型	8	是	应符合 DB45/T 1190—2015 的要求
国标代码	GBDM	字符型	5	是	应符合 GB/T 13923—2006 的要求
名称	MC	字符型	50	是	
所在路段	SZLD	字符型	50	是	
线路名称	XLMC	字符型	50	是	
线路序号	XLXH	数值型	8	是	
运营单位	YYDW	字符型	50	是	
更新时间	GXSJ	日期型	8	是	YYYY-MM-DD

7.2.5 公共汽车、快速公交(BRT)线路属性结构扩展数据项见表1-2-16。

公共汽车、快速公交(BRT)线路 表1-2-16

属性数据项	字段名称	字段类型	字段长度	是否必选项	说明
分类代码	FLDM	字符型	8	是	应符合DB45/T 1190—2015的要求
国标代码	GBDM	字符型	5	是	应符合GB/T 13923—2006的要求
名称	MC	字符型	50	是	
线路名称	XLMC	字符型	50	是	
起点名称	QDMC	字符型	50	是	
终点名称	ZDMC	字符型	50	是	
全长	QC	数值型	18,5	是	
站数	ZS	数值型	8	是	
公交换乘站点	GJHCZD	字符型	50	是	
轨道交通换乘站点	GDJTHCZD	字符型	50	是	
出租汽车换乘站点	CZQCHCZD	字符型	50	是	
公共自行车换乘站点	GGZXCHCZD	字符型	50	是	
首班车时间	SBCSJ	时间型	6	是	HHMMSS
末班车时间	MBCSJ	时间型	6	是	HHMMSS
票价	PJ	货币型	6	是	
票制	PZ	字符型	50	是	一票制、分段
运营单位	YYDW	字符型	50	是	
更新时间	GXSJ	日期型	8	是	YYYY-MM-DD

7.2.6 公共汽车站、快速公交站点属性结构扩展数据项见表1-2-17。

公共汽车站、快速公交站点 表1-2-17

属性数据项	字段名称	字段类型	字段长度	是否必选项	说明
分类代码	FLDM	字符型	8	是	应符合DB45/T 1190—2015的要求
国标代码	GBDM	字符型	5	是	应符合GB/T 13923—2006的要求
名称	MC	字符型	50	是	
线路名称	XLMC	字符型	50	是	
线路序号	XLXH	数值型	8	是	
所在路段	SZLD	字符型	50	是	
类型	LX	字符型	50	是	港湾、平直

续上表

属性数据项	字段名称	字段类型	字段长度	是否必选项	说明
候车亭	HCT	布尔型	2	是	是、否
电子站牌	DZZP	布尔型	2	是	是、否
轨道交通换乘线路	GDJTHCXL	字符型	50	是	
运营单位	YYDW	字符型	50	是	
更新时间	GXSJ	日期型	8	是	YYYY－MM－DD

7.2.7 长途汽车站属性结构扩展数据项见表1-2-18。

长途汽车站　　表1-2-18

属性数据项	字段名称	字段类型	字段长度	是否必选项	说明
分类代码	FLDM	字符型	8	是	应符合DB45/T 1190—2015的要求
国标代码	GBDM	字符型	5	是	应符合GB/T 13923—2006的要求
名称	MC	字符型	50	是	
地址	DZ	字符型	50	是	
客运站等级	KYZDJ	字符型	50	是	
公交换乘线路	GJHCXL	字符型	50	是	
轨道交通换乘线路	GDJTHCXL	字符型	50	是	
出租汽车换乘站点	CZQCHCZD	字符型	50	是	
运营单位	YYDW	字符型	50	是	
更新时间	GXSJ	日期型	8	是	YYYY－MM－DD

7.2.8 公共自行车点属性结构扩展数据项见表1-2-19。

公共自行车点　　表1-2-19

属性数据项	字段名称	字段类型	字段长度	是否必选项	说明
分类代码	FLDM	字符型	8	是	应符合DB45/T 1190—2015的要求
国标代码	GBDM	字符型	5	是	应符合GB/T 13923—2006的要求
名称	MC	字符型	50	是	
地址	DZ	字符型	50	是	
线路名称	XLMC	字符型	50	是	
线路序号	XLXH	数值型	8	是	
公交换乘线路	GJHCXL	字符型	50	是	
轨道交通换乘线路	GDJTHCXL	字符型	50	是	

续上表

属性数据项	字段名称	字段类型	字段长度	是否必选项	说　明
票价	PJ	货币型	6	是	
票制	PZ	字符型	50	是	一票制、分段
运营单位	YYDW	字符型	50	是	
更新时间	GXSJ	日期型	8	是	YYYY－MM－DD

7.2.9　智能公交电子站牌属性结构扩展数据项见表 1-2-20。

智能公交电子站牌　　表 1-2-20

属性数据项	字段名称	字段类型	字段长度	是否必选项	说　明
分类代码	FLDM	字符型	8	是	应符合 DB45/T 1190—2015 的要求
国标代码	GBDM	字符型	5	是	应符合 GB/T 13923—2006 的要求
名称	MC	字符型	50	是	
地址	DZ	字符型	50	是	
线路名称	XLMC	字符型	50	是	
线路序号	XLXH	数值型	8	是	
公交换乘线路	GJHCXL	字符型	50	是	
轨道交通换乘线路	GDJTHCXL	字符型	50	是	
运营单位	YYDW	字符型	50	是	
更新时间	GXSJ	日期型	8	是	YYYY－MM－DD

7.2.10　停车场属性结构扩展数据项见表 1-2-21。

停　车　场　　表 1-2-21

属性数据项	字段名称	字段类型	字段长度	是否必选项	说　明
分类代码	FLDM	字符型	8	是	应符合 DB45/T 1190—2015 的要求
国标代码	GBDM	字符型	5	是	应符合 GB/T 13923—2006 的要求
名称	MC	字符型	50	是	
地址	DZ	字符型	50	是	
类型	LX	字符型	50	是	社会公共、私人
所属单位	SSDW	字符型	50	是	
车位数	CWS	数值型	8	否	
更新时间	GXSJ	日期型	8	是	YYYY－MM－DD

7.2.11 加油(气)站属性结构扩展数据项见表 1-2-22。

加 油（气）站 表 1-2-22

属性数据项	字段名称	字段类型	字段长度	是否必选项	说 明
分类代码	FLDM	字符型	8	是	应符合 DB45/T 1190—2015 的要求
国标代码	GBDM	字符型	5	是	应符合 GB/T 13923—2006 的要求
名称	MC	字符型	50	是	
地址	DZ	字符型	50	是	
所属单位	SSDW	字符型	50	是	
更新时间	GXSJ	日期型	8	是	YYYY - MM - DD

7.2.12 充电站(桩)属性结构扩展数据项见表 1-2-23。

充 电 站（桩） 表 1-2-23

属性数据项	字段名称	字段类型	字段长度	是否必选项	说 明
分类代码	FLDM	字符型	8	是	应符合 DB45/T 1190—2015 的要求
国标代码	GBDM	字符型	5	是	应符合 GB/T 13923—2006 的要求
名称	MC	字符型	50	是	
地址	DZ	字符型	50	是	
运营单位	YYDW	字符型	50	是	
更新时间	GXSJ	日期型	8	是	YYYY - MM - DD

7.2.13 公交场站属性结构扩展数据项见表 1-2-24。

公 交 场 站 表 1-2-24

属性数据项	字段名称	字段类型	字段长度	是否必选项	说 明
分类代码	FLDM	字符型	8	是	应符合 DB45/T 1190—2015 的要求
国标代码	GBDM	字符型	5	是	应符合 GB/T 13923—2006 的要求
名称	MC	字符型	50	是	
地址	DZ	字符型	50	是	
占地面积	ZDMJ	数值型	10	是	
公交换乘线路	GJHCXL	字符型	50	是	
轨道交通换乘线路	GDJTHCXL	字符型	50	是	
所属单位	SSDW	字符型	50	是	
更新时间	GXSJ	日期型	8	是	YYYY - MM - DD

7.2.14 货运站属性结构扩展数据项见表1-2-25。

货 运 站

表1-2-25

属性数据项	字段名称	字段类型	字段长度	是否必选项	说明
分类代码	FLDM	字符型	8	是	应符合DB45/T 1190—2015的要求
国标代码	GBDM	字符型	5	是	应符合GB/T 13923—2006的要求
名称	MC	字符型	50	是	
地址	DZ	字符型	50	是	
所属单位	SSDW	字符型	50	是	
更新时间	GXSJ	日期型	8	是	YYYY-MM-DD

7.2.15 售票、售卡点、充值点属性结构扩展数据项见表1-2-26。

售票、售卡点、充值点

表1-1-26

属性数据项	字段名称	字段类型	字段长度	是否必选项	说明
分类代码	FLDM	字符型	8	是	应符合DB45/T 1190—2015的要求
国标代码	GBDM	字符型	5	是	应符合GB/T 13923—2006的要求
名称	MC	字符型	50	是	
地址	DZ	字符型	50	是	
运营单位	YYDW	字符型	50	是	
更新时间	GXSJ	日期型	8	是	YYYY-MM-DD

7.2.16 铁路属性结构扩展数据项见表1-1-27。

铁 路

表1-2-27

属性数据项	字段名称	字段类型	字段长度	是否必选项	说明
分类代码	FLDM	字符型	8	是	应符合DB45/T 1190—2015的要求
国标代码	GBDM	字符型	5	是	应符合GB/T 13923—2006的要求
名称	MC	字符型	50	是	
起点站	QDZ	字符型	50	否	
终点站	ZDZ	字符型	50	否	
类型	LX	字符型	20	否	
等级	DJ	字符型	50	是	
运营单位	YYDW	字符型	50	是	
更新时间	GXSJ	日期型	8	是	YYYY-MM-DD

7.2.17　火车站、高铁站点属性结构扩展数据项见表 1-2-28。

火车站、高铁站点　　表 1-2-28

属性数据项	字段名称	字段类型	字段长度	是否必选项	说　明
分类代码	FLDM	字符型	8	是	应符合 DB45/T 1190—2015 的要求
国标代码	GBDM	字符型	5	是	应符合 GB/T 13923—2006 的要求
名称	MC	字符型	50	是	应符合 GB/T 10302—2010 的要求
地址	DZ	字符型	50	是	
站名代码	ZMDM	字符型	50	否	应符合 GB/T 10302—2010 的要求
铁路名称	TLMC	字符型	50	否	
公交换乘线路	GJHCXL	字符型	50	是	
轨道交通换乘线路	GDJTHCXL	字符型	50	是	
出租汽车换乘站点	CZQCHCZD	字符型	50	是	
运营单位	YYDW	字符型	50	是	
更新时间	GXSJ	日期型	8	是	YYYY-MM-DD

7.2.18　公路属性结构扩展数据项见表 1-2-29。

公　路　　表 1-2-29

属性数据项	字段名称	字段类型	字段长度	是否必选项	说　明
分类代码	FLDM	字符型	8	是	应符合 DB45/T 1190—2015 的要求
国标代码	GBDM	字符型	5	是	应符合 GB/T 13923—2006 的要求
名称	MC	字符型	50	是	
代号	DH	字符型	4	否	公路全国分类代码如 107 国道其代号为 G107
起点	QD	字符型	50	否	
终点	ZD	字符型	50	否	
公路里程	GLLC	数值型	18,5	否	
路面宽度	LMKD	数值型	18,5	否	
路面类型	LMLX	字符型	4	否	应符合 GB/T 920—2002 的要求
技术等级	JSDJ	字符型	4	否	高速公路、一级公路、二级公路、三级公路等
管理等级	GLDJ	字符型	4	否	省道、国道等
更新时间	GXSJ	日期型	8	是	YYYY-MM-DD

7.2.19 公路车站属性结构扩展数据项见表 1-2-30。

公路车站 表 1-2-30

属性数据项	字段名称	字段类型	字段长度	是否必选项	说明
分类代码	FLDM	字符型	8	是	应符合 DB45/T 1190—2015 的要求
国标代码	GBDM	字符型	5	是	应符合 GB/T 13923—2006 的要求
名称	MC	字符型	50	是	
地址	DZ	字符型	50	是	
公路名称	GLMC	字符型	50	否	
更新时间	GXSJ	日期型	8	是	YYYY - MM - DD

7.2.20 收费站、服务区属性结构扩展数据项见表 1-2-31。

收费站、服务区 表 1-2-31

属性数据项	字段名称	字段类型	字段长度	是否必选项	说明
分类代码	FLDM	字符型	8	是	应符合 DB45/T 1190—2015 的要求
国标代码	GBDM	字符型	5	是	应符合 GB/T 13923—2006 的要求
名称	MC	字符型	50	是	
地址	DZ	字符型	50	是	
运营单位	YYDW	字符型	50	是	
更新时间	GXSJ	日期型	8	是	YYYY - MM - DD

7.2.21 公路网属性结构扩展数据项见表 1-2-32。

公路网 表 1-2-32

属性数据项	字段名称	字段类型	字段长度	是否必选项	说明
分类代码	FLDM	字符型	8	是	应符合 DB45/T 1190—2015 的要求
国标代码	GBDM	字符型	5	是	应符合 GB/T 13923—2006 的要求
名称	MC	字符型	50	是	
代号	DH	字符型	4	否	公路全国分类代码如 107 国道其代号为 G107
路段编号	LDBH	数值型	8	是	
起点编号	QDBH	数值型	8	是	
终点编号	ZDBH	数值型	8	是	
公路里程	GLLC	数值型	18,5	否	
路面宽度	LMKD	数值型	18,5	否	

续上表

属性数据项	字段名称	字段类型	字段长度	是否必选项	说　明
路面类型	LMLX	字符型	4	否	应符合 GB/T 920—2002 的要求
技术等级	JSDJ	字符型	4	否	高速公路、一级、二级等
管理等级	GLDJ	字符型	4	否	省道、国道等
更新时间	GXSJ	日期型	8	是	YYYY - MM - DD

7.2.22　机场属性结构扩展数据项见表 1-2-33。

机　　场　　表 1-2-33

属性数据项	字段名称	字段类型	字段长度	是否必选项	说　明
分类代码	FLDM	字符型	8	是	应符合 DB45/T 1190—2015 的要求
国标代码	GBDM	字符型	5	是	应符合 GB/T 13923—2006 的要求
名称	MC	字符型	50	是	
地址	DZ	字符型	50	是	
等级	DJ	字符型	50	是	干线、支线等
长途汽车换乘站点	CTQCHCZD	字符型	50	是	
公交或巴士换乘线路	GJHCXL	字符型	50	是	
轨道交通换乘线路	GDJTHCXL	字符型	50	是	
出租汽车换乘站点	CZQCHCZD	字符型	50	是	
运营单位	YYDW	字符型	50	是	
更新时间	GXSJ	日期型	8	是	YYYY - MM - DD

7.2.23　城市道路中心线属性结构扩展数据项见表 1-2-34。

城市道路中心线　　表 1-2-34

属性数据项	字段名称	字段类型	字段长度	是否必选项	说　明
分类代码	FLDM	字符型	8	是	应符合 DB45/T 1190—2015 的要求
国标代码	GBDM	字符型	5	是	应符合 GB/T 13923—2006 的要求
名称	MC	字符型	50	是	
起点	QD	字符型	50	否	
终点	ZD	字符型	50	否	
路面宽度	LMKD	数值型	18,5	否	
路面类型	LMLX	字符型	4	否	应符合 GB/T 920—2002 的要求
更新时间	GXSJ	日期型	8	是	YYYY - MM - DD

7.2.24 城市道路面属性结构扩展数据项见表 1-2-35。

城市道路面 表 1-2-35

属性数据项	字段名称	字段类型	字段长度	是否必选项	说明
分类代码	FLDM	字符型	8	是	应符合 DB45/T 1190—2015 的要求
名称	MC	字符型	50	是	
更新时间	GXSJ	日期型	8	是	YYYY - MM - DD

7.2.25 城市快速路属性结构扩展数据项见表 1-2-36。

城市快速路 表 1-2-36

属性数据项	字段名称	字段类型	字段长度	是否必选项	说明
分类代码	FLDM	字符型	8	是	应符合 DB45/T 1190—2015 的要求
国标代码	GBDM	字符型	5	是	应符合 GB/T 13923—2006 的要求
名称	MC	字符型	50	是	
起点	QD	字符型	50	否	
终点	ZD	字符型	50	否	
路面宽度	LMKD	数值型	18,5	否	
路面类型	LMLX	字符型	4	否	应符合 GB/T 920—2002 的要求
更新时间	GXSJ	日期型	8	是	YYYY - MM - DD

7.2.26 城市快速路出入口属性结构扩展数据项见表 1-2-37。

城市快速路出入口 表 1-2-37

属性数据项	字段名称	字段类型	字段长度	是否必选项	说明
分类代码	FLDM	字符型	8	是	应符合 DB45/T 1190—2015 的要求
名称	MC	字符型	50	是	
更新时间	GXSJ	日期型	8	是	YYYY - MM - DD

7.2.27 高架路(桥)属性结构扩展数据项见表 1-2-38。

高架路(桥) 表 1-2-38

属性数据项	字段名称	字段类型	字段长度	是否必选项	说明
分类代码	FLDM	字符型	8	是	应符合 DB45/T 1190—2015 的要求
国标代码	GBDM	字符型	5	是	应符合 GB/T 13923—2006 的要求
名称	MC	字符型	50	是	
起点	QD	字符型	50	否	
终点	ZD	字符型	50	否	

续上表

属性数据项	字段名称	字段类型	字段长度	是否必选项	说 明
路面宽度	LMKD	数值型	18,5	否	
路面类型	LMLX	字符型	4	否	应符合 GB/T 920—2002 的要求
更新时间	GXSJ	日期型	8	是	YYYY - MM - DD

7.2.28 道路网属性结构扩展数据项见表 1-2-39。

道 路 网　　　　表 1-2-39

属性数据项	字段名称	字段类型	字段长度	是否必选项	说 明
分类代码	FLDM	字符型	8	是	应符合 DB45/T 1190—2015 的要求
国标代码	GBDM	字符型	5	是	应符合 GB/T 13923—2006 的要求
名称	MC	字符型	50	是	
代号	DH	字符型	4	是	
路段编号	LDBH	数值型	8	是	
起点编号	QDBH	数值型	8	是	
终点编号	ZDBH	数值型	8	是	
路面宽度	LMKD	数值型	18,5	是	
路面类型	LMLX	字符型	4	是	
限行方式	XXFS	字符型	30	否	
限行原因	XXYY	字符型	30	否	
限行车型	XXCX	字符型	30	否	
限行起始时间	XXQSSJ	时间型	8	否	
限行终止时间	XXZZSJ	时间型	8	否	
更新时间	GXSJ	日期型	8	是	YYYY - MM - DD

7.2.29 环岛属性结构扩展数据项见表 1-2-40。

环 岛　　　　表 1-2-40

属性数据项	字段名称	字段类型	字段长度	是否必选项	说 明
分类代码	FLDM	字符型	8	是	应符合 DB45/T 1190—2015 的要求
名称	MC	字符型	50	是	
更新时间	GXSJ	日期型	8	是	YYYY - MM - DD

7.2.30 立交桥属性结构扩展数据项见表 1-2-41。

立 交 桥　　　　表 1-2-41

属性数据项	字段名称	字段类型	字段长度	是否必选项	说 明
分类代码	FLDM	字符型	8	是	应符合 DB45/T 1190—2015 的要求
名称	MC	字符型	50	是	

续上表

属性数据项	字段名称	字段类型	字段长度	是否必选项	说　明
限高	XG	数值	18,5	是	
更新时间	GXSJ	日期型	8	是	YYYY - MM - DD

7.2.31　交通枢纽站属性结构扩展数据项见表 1-2-42

交 通 枢 纽 站　　表 1-2-42

属性数据项	字段名称	字段类型	字段长度	是否必选项	说　明
分类代码	FLDM	字符型	8	是	应符合 DB45/T 1190—2015 的要求
名称	MC	字符型	50	是	
地址	DZ	字符型	50	是	
长途汽车换乘站点	CTQCHCZD	字符型	50	是	
公交换乘线路	GJHCXL	字符型	50	是	
轨道交通换乘线路	GDJTHCXL	字符型	50	是	
出租汽车换乘站点	CZQCHCZD	字符型	50	是	
公共自行车换乘站点	GGZXCHCZD	字符型	50	是	
更新时间	GXSJ	日期型	8	是	YYYY - MM - DD

7.2.32　过街天桥、地下人行通道、隧道属性结构扩展数据项见表 1-2-43。

过街天桥、地下人行通道、隧道　　表 1-2-43

属性数据项	字段名称	字段类型	字段长度	是否必选项	说　明
分类代码	FLDM	字符型	8	是	应符合 DB45/T 1190—2015 的要求
名称	MC	字符型	50	是	
地址	DZ	字符型	50	是	
限高	XG	数值	18,5	是	
类型	LX	字符型	50	是	特长、长、中
管养单位	GYDW	字符型	50	是	
更新时间	GXSJ	日期型	8	是	YYYY - MM - DD

7.2.33　桥梁属性结构扩展数据项见表 1-2-44。

桥　　梁　　表 1-2-44

属性数据项	字段名称	字段类型	字段长度	是否必选项	说　明
分类代码	FLDM	字符型	8	是	应符合 DB45/T 1190—2015 的要求
名称	MC	字符型	50	是	

续上表

属性数据项	字段名称	字段类型	字段长度	是否必选项	说 明
地址	DZ	字符型	50	是	
限高	XG	数值	18,5	是	
类型	LX	字符型	50	是	特大、大、中、小
管养单位	GYDW	字符型	50	是	
更新时间	GXSJ	日期型	8	是	YYYY - MM - DD

7.2.34 构造物及附属设施属性结构扩展数据项见表 1-2-45。

构造物及附属设施　　表 1-2-45

属性数据项	字段名称	字段类型	字段长度	是否必选项	说 明
分类代码	FLDM	字符型	8	是	应符合 DB45/T 1190—2015 的要求
联系人	LXR	字符型	50	是	
联系电话	LXDH	字符型	20	是	
所属单位	SSDW	字符型	50	是	
更新时间	GXSJ	日期型	8	是	YYYY - MM - DD

7.2.35 交通安全标识属性结构扩展数据项见表 1-2-46。

交通安全标识　　表 1-2-46

属性数据项	字段名称	字段类型	字段长度	是否必选项	说 明
分类代码	FLDM	字符型	8	是	应符合 DB45/T 1190—2015 的要求
联系人	LXR	字符型	50	是	
联系电话	LXDH	字符型	20	是	
所属单位	SSDW	字符型	50	是	
更新时间	GXSJ	日期型	8	是	YYYY - MM - DD

7.2.36 交通工程属性结构扩展数据项见表 1-2-47。

交通工程　　表 1-2-47

属性数据项	字段名称	字段类型	字段长度	是否必选项	说 明
分类代码	FLDM	字符型	8	是	应符合 DB45/T 1190—2015 的要求
联系人	LXR	字符型	50	是	
联系电话	LXDH	字符型	20	是	
所属单位	SSDW	字符型	50	是	
更新时间	GXSJ	日期型	8	是	YYYY - MM - DD

7.2.37 交通指挥属性结构扩展数据项见表 1-2-48。

交通指挥　　表 1-2-48

属性数据项	字段名称	字段类型	字段长度	是否必选项	说 明
分类代码	FLDM	字符型	8	是	应符合 DB45/T 1190—2015 的要求

续上表

属性数据项	字段名称	字段类型	字段长度	是否必选项	说明
联系人	LXR	字符型	50	是	
联系电话	LXDH	字符型	20	是	
所属单位	SSDW	字符型	50	是	
更新时间	GXSJ	日期型	8	是	YYYY－MM－DD

7.2.38 船码头属性结构扩展数据项见表 1-2-49。

船 码 头　　表 1-2-49

属性数据项	字段名称	字段类型	字段长度	是否必选项	说明
分类代码	FLDM	字符型	8	是	应符合 DB45/T 1190—2015 的要求
国标代码	GBDM	字符型	5	是	应符合 GB/T 13923—2006 的要求
名称	MC	字符型	50	是	
类型	LX	字符型	50	是	
地址	DZ	字符型	50	是	
泊位	BW	数值型	8	是	
靠泊能力	KBNL	数值型	8	是	
更新时间	GXSJ	日期型	8	是	YYYY－MM－DD

7.2.39 防波堤属性结构扩展数据项见表 1-2-50。

防 波 堤　　表 1-2-50

属性数据项	字段名称	字段类型	字段长度	是否必选项	说明
分类代码	FLDM	字符型	8	是	应符合 DB45/T 1190—2015 的要求
国标代码	GBDM	字符型	5	是	应符合 GB/T 13923—2006 的要求
实际长度	SJCD	数值型	8	是	
更新时间	GXSJ	日期型	8	是	YYYY－MM－DD

7.2.40 锚地属性结构扩展数据项见表 1-2-51。

锚 地　　表 1-2-51

属性数据项	字段名称	字段类型	字段长度	是否必选项	说明
分类代码	FLDM	字符型	8	是	应符合 DB45/T 1190—2015 的要求
名称	MC	字符型	50	是	
位置	WZ	字符型	50	是	
实际面积	SJMJ	数值型	8	是	
水深	SS	数值型	8	是	
类型	LX	字符型	50	是	

续上表

属性数据项	字段名称	字段类型	字段长度	是否必选项	说 明
系泊能力	XBNL	数值型	8	是	
更新时间	GXSJ	日期型	8	是	YYYY - MM - DD

7.2.41 港口属性结构扩展数据项见表 1-2-52。

港 口　　表 1-2-52

属性数据项	字段名称	字段类型	字段长度	是否必选项	说 明
分类代码	FLDM	字符型	8	是	应符合 DB45/T 1190—2015 的要求
名称	MC	字符型	50	是	
位置	WZ	数值型	8	是	
开放时间	KFSJ	日期型	8	是	
泊位	BW	数值型	8	是	
仓容	CR	数值型	8	是	
类型	LX	字符型	50	是	
吞吐能力	TTNL	数值型	8	是	
堆场面积	DCMJ	数值型	8	是	
更新时间	GXSJ	日期型	8	是	YYYY - MM - DD

7.2.42 航道属性结构扩展数据项见表 1-2-53。

航 道　　表 1-2-53

属性数据项	字段名称	字段类型	字段长度	是否必选项	说 明
分类代码	FLDM	字符型	8	是	应符合 DB45/T 1190—2015 的要求
国标代码	GBDM	字符型	5	是	应符合 GB/T 13923—2006 的要求
名称	MC	字符型	50	是	
航道起点	HDQD	字符型	50	是	
航道终点	HDZD	字符型	50	是	
类别	LB	字符型	50	是	
通航等级	THDL	字符型	50	是	
航道长度	HDCD	数值型	8	是	
航道宽度	HDKD	数值型	8	是	
航道水深	HDSS	数值型	8	是	
通航能力	THNL	数值型	8	是	
更新时间	GXSJ	日期型	8	是	YYYY - MM - DD

7.2.43 重点单位属性结构扩展数据项见表 1-2-54。

重点单位　　表 1-2-54

属性数据项	字段名称	字段类型	字段长度	是否必选项	说 明
分类代码	FLDM	字符型	8	是	应符合 DB45/T 1190—2015 的要求

续上表

属性数据项	字段名称	字段类型	字段长度	是否必选项	说　明
组织机构代码	ZZJGDM	字符型	20	否	
名称	MC	字符型	50	是	
地址	DZ	字符型	50	是	
联系人	LXR	字符型	50	否	
联系电话	LXDH	字符型	20	否	
上级主管单位	SJZGDW	字符型	50	否	
更新时间	GXSJ	日期型	8	是	YYYY－MM－DD

7.2.44　党政机关、人民团体与民主党派、基层群众自治组织、驻地机构、公安机关属性结构扩展数据项见表 1-2-55。

党政机关、人民团体与民主党派、基层群众自治组织、驻地机构、公安机关　表 1-2-55

属性数据项	字段名称	字段类型	字段长度	是否必选项	说　明
分类代码	FLDM	字符型	8	是	应符合 DB45/T 1190—2015 的要求
组织机构代码	ZZJGDM	字符型	20	否	
名称	MC	字符型	50	是	
地址	DZ	字符型	50	是	
联系人	LXR	字符型	50	否	
联系电话	LXDH	字符型	20	否	
上级主管单位	SJZGDW	字符型	50	否	
更新时间	GXSJ	日期型	8	是	YYYY－MM－DD

7.2.45　企事业单位属性结构扩展数据项见表 1-2-56。

企事业单位　表 1-2-56

属性数据项	字段名称	字段类型	字段长度	是否必选项	说　明
分类代码	FLDM	字符型	8	是	应符合 DB45/T 1190—2015 的要求
组织机构代码	ZZJGDM	字符型	20	否	
名称	MC	字符型	50	是	
地址	DZ	字符型	50	是	
经营范围	JYFW	字符型	50	否	
企业性质	QYXZ	字符型	50	否	
注册资金	ZCZJ	字符型	50	否	
法定代表人	FR	字符型	5	否	
注册时间	ZCSJ	字符型	50	否	
注册地点	ZCDD	字符型	20	否	
上级主管单位	SJZGDW	字符型	50	否	
更新时间	GXSJ	日期型	8	是	YYYY－MM－DD

7.2.46 新闻机构、文化场所、医疗卫生、教育机构、体育场所、科研院所、驻华机构属性结构扩展数据项见表 1-2-57。

新闻机构、文化场所、医疗卫生、教育机构、体育场所、科研院所、驻华机构　　表 1-2-57

属性数据项	字段名称	字段类型	字段长度	是否必选项	说　明
分类代码	FLDM	字符型	8	是	应符合 DB45/T 1190—2015 的要求
组织机构代码	ZZJGDM	字符型	20	否	
名称	MC	字符型	50	是	
地址	DZ	字符型	50	是	
联系人	LXR	字符型	50	否	
联系电话	LXDH	字符型	20	否	
上级主管单位	SJZGDW	字符型	50	否	
更新时间	GXSJ	日期型	8	是	YYYY－MM－DD

7.2.47 金融证券、商业单位、宾馆饭店、餐饮服务、危险场所、娱乐场所、旅游景点属性结构扩展数据项见表 1-2-58。

金融证券、商业单位、宾馆饭店、餐饮服务、危险场所、娱乐场所、旅游景点　　表 1-2-58

属性数据项	字段名称	字段类型	字段长度	是否必选项	说　明
分类代码	FLDM	字符型	8	是	应符合 DB45/T 1190—2015 的要求
组织机构代码	ZZJGDM	字符型	20	否	
名称	MC	字符型	50	是	
地址	DZ	字符型	50	是	
联系人	LXR	字符型	50	否	
联系电话	LXDH	字符型	20	否	
上级主管单位	SJZGDW	字符型	50	否	
更新时间	GXSJ	日期型	8	是	YYYY－MM－DD

7.2.48 小区楼宇属性结构扩展数据项见表 1-2-59。

小区楼宇　　表 1-2-59

属性数据项	字段名称	字段类型	字段长度	是否必选项	说　明
分类代码	FLDM	字符型	8	是	应符合 DB45/T 1190—2015 的要求
名称	MC	字符型	50	是	
地址	DZ	字符型	50	是	
联系人	LXR	字符型	50	否	
联系电话	LXDH	字符型	20	否	
上级主管单位	SJZGDW	字符型	50	是	
更新时间	GXSJ	日期型	8	是	YYYY－MM－DD

7.2.49 道路交通事故属性结构扩展数据项见表1-2-60。

道路交通事故 表1-2-60

属性数据项	字段名称	字段类型	字段长度	是否必选项	说 明
分类代码	FLDM	字符型	8	是	应符合 DB45/T 1190—2015 的要求
事故编号	SGBH	字符型	5	是	
事故类型	SGLX	字符型	50	是	
发生地地址	FSDDZ	备注型	50	是	
发生时间	FSSJ	日期型	8	是	YYYY - MM - DD

7.2.50 抛锚属性结构扩展数据项见表1-2-61。

抛 锚 表1-2-61

属性数据项	字段名称	字段类型	字段长度	是否必选项	说 明
分类代码	FLDM	字符型	8	是	应符合 DB45/T 1190—2015 的要求
编号	BH	字符型	5	是	
发生地地址	FSDDZ	备注型	50	是	
发生时间	FSSJ	日期型	8	是	YYYY - MM - DD

7.2.51 道路异常属性结构扩展数据项见表1-2-62。

道路异常 表1-2-62

属性数据项	字段名称	字段类型	字段长度	是否必选项	说 明
分类代码	FLDM	字符型	8	是	应符合 DB45/T 1190—2015 的要求
编号	BH	字符型	5	是	
发生地地址	FSDDZ	备注型	50	是	
发生时间	FSSJ	日期型	8	是	YYYY - MM - DD

7.2.52 特殊事件属性结构扩展数据项见表1-2-63。

特殊事件 表1-2-63

属性数据项	字段名称	字段类型	字段长度	是否必选项	说 明
分类代码	FLDM	字符型	8	是	应符合 DB45/T 1190—2015 的要求
事件编号	SJBH	字符型	5	是	
发生地地址	FSDDZ	备注型	50	是	
发生时间	FSSJ	日期型	8	是	YYYY - MM - DD

7.2.53 线状道路交通流、面状道路交通流属性结构扩展数据项见表1-2-64。

线状道路交通流、面状道路交通流 表1-2-64

属性数据项	字段名称	字段类型	字段长度	是否必选项	说 明
分类代码	FLDM	字符型	8	是	应符合 DB45/T 1190—2015 的要求

续上表

属性数据项	字段名称	字段类型	字段长度	是否必选项	说　明
交通流编号	JTLBH	字符型	5	是	
发生地地址	FSDDZ	备注型	50	是	
发生时间	FSSJ	日期型	8	是	YYYY－MM－DD

7.2.54　网状道路交通流属性结构扩展数据项见表1-2-65。

网状道路交通流　　表1-2-65

属性数据项	字段名称	字段类型	字段长度	是否必选项	说　明
分类代码	FLDM	字符型	8	是	应符合DB45/T 1190—2015的要求
交通流编号	JTLBH	字符型	5	是	
发生地地址	FSDDZ	备注型	50	是	
发生时间	FSSJ	日期型	8	是	YYYY－MM－DD

7.2.55　临时道路交通管制属性结构扩展数据项见表1-2-66。

临时道路交通管制　　表1-2-66

属性数据项	字段名称	字段类型	字段长度	是否必选项	说　明
分类代码	FLDM	字符型	8	是	应符合DB45/T 1190—2015的要求
管制编号	GZBH	字符型	5	是	
联系人	LXR	字符型	50	是	
联系电话	LXDH	字符型	20	是	
开始时间	KSSJ	时间型	14	是	YYYY－MM－DD－HHMMSS
结束时间	JSSJ	时间型	14	是	YYYY－MM－DD－HHMMSS
发生地地址	FSDDZ	备注型	50	是	
所属单位	SSDW	字符型	50	是	
更新时间	GXSJ	日期型	8	是	YYYY－MM－DD

第三章 城市交通地理信息数据分层及命名规则

1 范围

本标准规定了城市交通地理信息空间数据的分层与命名规则。

本标准适用于城市交通地理信息数据采集、整理、更新、管理、建库、共享与交换和产品开发。

2 规范性引用文件

下列文件对于本文件的应用是必不可少的。凡是注日期的引用文件,仅所注日期的版本适用于本文件。凡是不注日期的引用文件,其最新版本(包括所有的修改单)适用于本文件。

GB/T 13989—2012　国家基本比例尺地形图分幅和编号

DB45/T 1190—2015　城市交通地理信息分类与代码

3 数据分层原则

3.1 基本原则

交通地理信息数据分层遵循如下原则:

——按业务应用要求,将交通地理信息划分为若干图层;

——相同逻辑内容的空间信息宜放在一个图层;

——一个图层只有一个空间拓扑特征;

——数据分层可划分到 DB45/T 1190—2015 小类,但对于在门类、大类或小类达到属性项的一致,不需再细分;

——逻辑内容相同但地理实体丰富多样或应用需要多种地理实体表示,则采用多个空间拓扑层方式分层。

3.2 比例尺

城市交通地理信息系统中交通电子地图数据采用表 1-3-1 所列比例尺,比例尺代码按照 GB/T 13989—2012 引用。

比例尺代码　表 1-3-1

比例尺	1:500	1:1 000	1:2 000	1:5 000	1:10 000	1:25 000	1:50 000	1:100 000	1:250 000
代码	K	J	I	H	G	F	E	D	C

3.3 空间拓扑的表示与划分方法

电子地图数据的空间拓扑划分应依据比例尺相应地理要素的表现粒度和应用的要求，确定空间拓扑划分方法。

3.3.1 空间拓扑的表示

空间拓扑是空间数据的组织方式，基本类型包括点、线、面(多边形)、网格、栅格、格网、三角网、文本标注等。

3.3.2 空间拓扑的划分方法

空间拓扑划分应根据相应比例尺的空间数据表现进行划分：

——具备点状定位特征和表现宏观特性的地理实体，采用点类型进行描述，例如基础控制点、泉等；

——具备线状特征或在该比例尺下抽象为线状特征的地理实体，采用线类型进行描述，例如公路、时令河；

——具备空间区域覆盖特征的地理实体，可以采用面类型进行描述，例如湖泊；

——具备空间连续分布特征的地理要素，可以采用栅格、格网、三角网类型进行描述，例如 DEM；

——对于某些地理实体，根据应用需要可采用多种空间拓扑进行描述，例如等高线可以表示为线和格网；

——对于需要在电子地图上描述的社会属性如地名、旅游资源，其信息已经在相应的地理实体中描述，但又需要表示，可以描述为具备点状特性的文本标注类型，例如农村居民点标注；

——对于由一系列具有关联关系的节点和线路构建网络，在划分点、线空间拓扑特征的同时应建立其网络拓扑特征。

4 图层命名规则

4.1 图层名称命名规则

图层名称命名规则为：

——将图层划分时依据 DB45/T 1190—2015 中的分类名称作为图层名称；

——同一分类划分为多个空间拓扑特征图层，在分类名称前或后加上空间拓扑特性名称，如水系有三个图层取名为“点状水系、线状水系、面状水系”。

4.2 图层映射名称命名规则

图层的映射名称采用组合法，将地理图层映射名分为两部分，第一部分为图层名称中每个汉字拼音的首字母组合而成，如果映射名有重复，将“序号”大的“图层名称”中的最后一个汉字改为全拼，如果再有重复，再将倒数第二个汉字改为全拼，以此类推，直至没有重复为止。第二部分为几何特征英文缩写，两部分之间用下划线连接。几何特征英文缩写分类见表 1-3-2。

几何特征英文缩写分类 表 1-3-2

几何特征	英文全称	英文缩写	几何特征	英文全称	英文缩写
点	Point	PT	栅格	Image	IMG
线	Polyline	PL	格网	Grid	GRD
面	Polygon	PG	三角网	Tin	TIN
网格	Network	NET	文本标注	Annoation	ANN

例如:媒体机构为 MTJG_PT。

5 图层代码编码规则

对每个图层建立相应的代码,图层代码编码规则为:

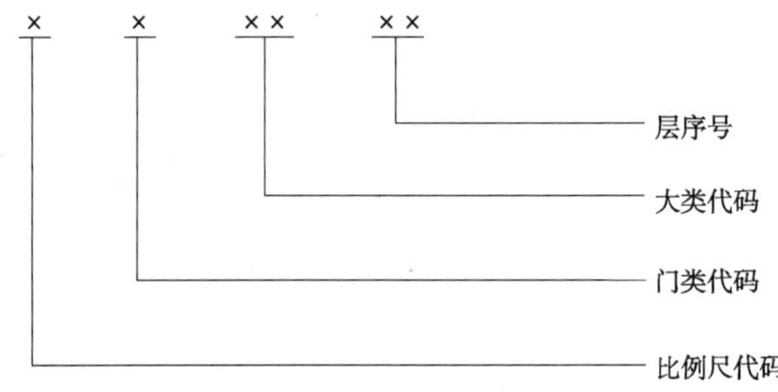

例如,比例尺为 1:2 000 下的点状水系图层,图层代码命名为:IA0201。

6 数据分层及图层命名列表

6.1 基础地理信息数据分层及图层命名见表 1-3-3。

基础地理信息数据分层及图层命名 表 1-3-3

层代码	要素类别	图 层 名 称	映射名称	图层信息描述	空间拓扑
△A0201	水系	点状水系	DZSX_PT	描述点状特征的水系如泉	点
△A0202		线状水系	XZSX_PL	描述单线河流、沟渠等无法用多边形描述的水系	线
△A0203		面状水系	MZSX_PG	描述双线河流、湖泊及封闭水域、流域等	面
△A0204		水系标注	SXBZ_ANN	水系的标注	标注
△A0301	居民地及设施	居民地标注	JMDBZ_ANN	描述居民地行政等级所在地点或聚集定居的地点的专用名称	标注
△A0302		居民地	JMD_PG	居民地	面
△A0303		建筑物	JZW_PG	建筑物	面
△A0501	管线	管线	GX_PL	电力、电信等管线和井孔(如雨水、污水、消防栓等)	线

续上表

层代码	要素类别	图层名称	映射名称	图层信息描述	空间拓扑
△A0601	境界与政区	省、市、县、区界	SSXQJ_PG	省、市、县、分区行政区划	面
△A0602		省、市、县、区界线	SSXQJX_PL	省、市、县、分区行政区划界线	线
△A0603		乡、镇街道界	XZJDJ_PG	乡、镇、街道行政区划	面
△A0604		乡、镇街道界线	XZJDJX_PL	乡、镇、街道行政区划界线	线
△A0701	地貌	等高线	DGX_PL	等高线	线
△A0702		高程点	GCD_PT	高程点	点
△A0703		点状地貌	DZDM_PT	点状地貌特征	点
△A0704		线状地貌	XZDM_PL	线状地貌特征	线
△A0801	植被与土质	面状植被	MZZB_PG	绿地、绿化带	面
△A0802		线状植被	XZZB_PL	行树或者线状绿地	线
△A0803		点状植被	DZZB_PT	独立树或者点状绿地	点
注:△代表比例尺代码。					

6.2　交通公共地理信息数据分层及图层命名见表1-3-4。

交通公共地理信息数据分层及图层命名　　表1-3-4

层代码	要素类别	图 层 名 称	映射名称	图层信息描述	空间拓扑
△B0101	公共交通	轨道交通线路	GDJTXL_PL	轨道交通线路	线
△B0102		地铁站点	DTZD_PT	地铁站点	点
△B0103		轻轨线路	QGXL_PL	轻轨线路	线
△B0104		轻轨站点	QGZD_PT	轻轨站点	点
△B0105		电车线路	DCXL_PL	电车线路	线
△B0106		电车站点	DCZD_PT	电车站点	点
△B0107		公共汽车线路	GJQCXL_PL	公交汽车线路	线
△B0108		公共汽车站点	GJQCZD_PT	公交汽车站点	点
△B0109		快速公交(BRT)线路	KSGJXL_PL	公交汽车线路	线
△B0110		快速公交(BRT)站点	KSGJZD_PT	公交汽车站点	点
△B0111		出租汽车站点	CZQCZD_PT	出租汽车站点	点
△B0112		火车站、高铁站	HCZ_PT	火车站	点
△B0113		长途汽车站	CTQCZ_PT	长途汽车站	点
△B0114		智能公交电子站牌	DZZP_PT	智能公交电子站牌	点
△B0115		停车场	TCC_PT	停车场	点
△B0116		调度站	DDZ_PT	调度站	点
△B0117		加油(汽)站	JYQZ_PT	加油(汽)站	点
△B0118		充电站(桩)	CDZ_PT	充电站(桩)	点
△B0119		公交场站	GJCZ_PT	公交场站	点
△B0120		货运站	HYZ_PT	货运站	点
△B0121		售票、售卡、充值点	SPD_PT	售票点	点

续上表

层代码	要素类别	图 层 名 称	映射名称	图层信息描述	空间拓扑
△B0201	城际交通	城际公路网	CJGLM_PG	城际公路网	网络
△B0202		高速公路出入口	FWQ_PT	高速公路出入口	点
△B0203		收费站	SFZ_PT	收费站	点
△B0204		服务区	FWQ_PT	服务区	点
△B0205		加油站	JYZ_PT	加油站	点
△B0206		机场	JC_PT	机场	点
△B0301	城市道路	城市道路中心线	CSDLZXX_PL	道路中心线	线
△B0302		城市道路面	CSDLM_PG	城市道路边线构成的面	面
△B0303		城市快速路	KSL_PL	城市快速路	线
△B0304		城市快速路出入口	KSLCRK_PT	城市快速路出入口	点
△B0305		高架路(桥)	GJL_PL	城市高架路(桥)	线
△B0306		道路网	DLW_NET	道路网络	网络
△B0307		环岛	HD_PL	环岛	线
△B0308		立交桥	LJQ_PL	立交桥	线
△B0309		交通枢纽站	JTSN_PL	交通枢纽	面
△B0310		过街天桥、地下人行通道	GJTQDD_PL	过街天桥、地下人行通道	线
△B0401	道路交通设施	道路构造物及附属设施	GZWJFSSS_PT	门洞、涵洞、下跨道、车行桥、桥墩、柱、隧道、道路交汇处、公路标志	点
△B0402		交通安全标识	JTAQBZ_PT	防护栏、隔离栅、紧急停车带、交通标志、路面标线、视线诱导标、防眩设施	点
△B0403		交通工程	JTGC_PT	公路监控、通信设施、收费设施、服务设施、公路沿线供配电、公路照明、智能运输	点
△B0404		交通指挥	JTZH_PT	指挥控制中心、交通流采集、信号控制、电视监视、闯红灯自动记录、车辆监测记录、停车管理、交通诱导、车辆定位	点
△B0501	水运设施及航道	船码头	CMT_PT	水运港客运站、固定顺岸码头、固定堤坝码头、栈桥式码头、浮码头、干船坞	点
△B0502		防波堤	FBD_PL	防波堤	线
△B0503		锚地	MD_PG	锚地	面
△B0504		助航标志	ZHBZ_PT	灯塔、灯桩、灯船、浮标、岸标、立标、信号杆、信号台、系船浮筒、过江管线标	点
△B0505		航行险区	HXXQ_PG	沉船(露出)、沉船(淹没)、急流区域、漩涡区域	面
△B0506		港口	GK_PT	国际贸易港、海港、河港	点
△B0507		渡口	DK_PT	火车渡、汽车渡、人渡、汽车徒涉场、行人徒涉场、跳墩、漫水路面、过河缆	点
△B0508		通航河段起讫点	THHDQQD_PT	通航河段起讫点	点
△B0509		航海线	HHX_PL	国际航线、国内(内河、沿海)航线	线
△B0510		通航设施	THSS_PT	船闸、升船机	点

续上表

层代码	要素类别	图层名称	映射名称	图层信息描述	空间拓扑
△B0601	重点单位	交通运输行业相关单位	JTXGDW_PT	交通运输行业相关单位	点
△B0602	重点单位	党政机关	DZJG_PT	党委、人大、政协、人民政府、人民解放军、武警部队、检察院、法院	点
△B0603	重点单位	人民团体与民族党派	RMTTYMZ-DP_PT	人民团体、民主党派、宗教团体、学会、协会、基金会	点
△B0604	重点单位	基层群众自治组织	JCQZZZZZ_PT	居委会、村委会	点
△B0605	重点单位	驻地机构	ZDJG_PT	驻地机构	点
△B0606	重点单位	公安机关	GAJG_PT	国家公安部门及所属单位、市公安局及所属业务局、处、总队、分县局、基层科、队、所、社区警务工作站、执法站、巡逻岗亭、看押场所	点
△B0607	重点单位	非交通运输行业相关企事业单位	QSYDW_PT	国防、军工企事业、航空航天企事业、大型厂矿企业、三资企业(含驻地外商机构及分公司)、一般企事业单位、公司(除三资)	点
△B0608	重点单位	新闻机构	XWJG_PT	广播电台、电视台、新闻通讯社、报社、杂志社、出版社、影视制作中心、电影制片厂、境外驻地新闻机构	点
△B0609	重点单位	文化场所	WHCS_PT	博物馆、图书馆、展览馆、档案馆、纪念馆、艺术馆、美术馆、科技馆(站)、展览中心、文物保护单位、群众文化场所、文艺团体、宗教场所	点
△B0610	重点单位	医疗卫生	YLWS_PT	医院、急救中心、卫生防疫中心(站)、整形美容、疗养院、康复中心、保健所(站)、药品检验所(室、中心)、动物医院、兽医站、药店、药房	点
△B0611	重点单位	教育机构	JYJG_PT	大中专院校、中小学、学前教育、成人教育、职高、技校、艺术学校等、特殊教育学校、民办或私立学校、职业或语言培训学校(中心)、涉外学校	点
△B0612	重点单位	体育场所	TYCS_PT	体育场馆、运动俱乐部、健身房、健身中心、游泳场	点
△B0613	重点单位	科研院所	KYYS_PT	研究院、研究所、设计院	点
△B0614	重点单位	外国政府国际组织驻华机构	WGZFGJZZZ-HJG_PT	使馆、领馆	点
△B0615	重点单位	金融证券	JRZQ_PT	信托投资公司、证券经纪与交易单位、银行及其分支机构、保险公司及其分支机构、珠宝店、典当行、涉外金融证券与保险机构	点
△B0616	重点单位	商业单位	SYDW_PT	商场超市、贸易批发市场、商业网点	点

续上表

层代码	要素类别	图 层 名 称	映射名称	图层信息描述	空间拓扑
△B0617	重点单位	宾馆饭店	BGFD_PT	星级宾馆、一般宾馆、普通旅馆、涉外宾馆饭店	点
△B0618		餐饮服务	CYFW_PT	酒店餐馆、中西式快餐店、料理、其他餐饮服务场所	点
△B0619		危险场所	WXCS_PT	水、电、气、热、邮政、通信等要害部门、生化厂、炼油厂、煤气站、液化气站、危险品仓库	点
△B0620		娱乐场所	YLCS_PT	影剧院、俱乐部、夜总会、洗浴、桑拿、按摩等、歌舞厅、卡拉 OK 厅、迪厅、游乐场、电子游艺厅、其他博弈场所、录像厅(馆)、网吧、酒吧、茶馆、咖啡厅等	点
△B0621		旅游景点	LYJD_PT	公园、文化古迹、风景区	点
△B0622		小区楼宇	XQLY_PT	小区、园区、家属楼、公寓、集体宿舍等、写字楼、大厦、平方四合院	点
△B0701	动态信息	道路交通事故	DLJTSG_PT	道路交通事故	点
△B0702		抛锚	PM_PT	抛锚	点
△B0703		道路异常	DLYC_PT	货物散落、路面积水、路面积雪、路面结冰、路面损毁、煤气管爆裂、自来水管爆裂、道路施工、雾、雪、雨、大风、路边火警、沙尘暴	点
△B0704		特殊事件	TSSJ_PT	大型集会活动、大范围施工、恐怖事件	点
△B0705		线状道路交通流	XZDLJTL_PL	道路交通流	线
△B0706		面状道路交通流	MZDLJTL_PG	道路交通流	面
△B0707		网状道路交通流	WZDLJTL_NET	道路交通流	网络
△B0708		临时道路交通管制	LSDLJTGZ_PT	临时道路交通管制	点
注:△代表比例尺代码。					

6.3 交通业务专用地理信息数据分层及图层命名

由各业务单位按照本标准规定的原则进行数据分层和图层命名。附录 1-3-1、附录 1-3-2 提供了示例。

附 录 1-3-1

(资料性附录)

道路养护业务专用地理信息数据分层及命名

道路养护业务专用地理信息数据分层及命名示例见附表 1-3-1。

道路养护业务专用地理信息数据分层及命名 附表 1-3-1

层代码	要素类别	图层名称	映射名称	图层信息描述	空间拓扑
△C0201	日常养护	日常养护	RCYH_PT	包括路面、路肩、路边、人行道、桥梁、交通服务设施、排水及冰雪控制等	点

续上表

层代码	要素类别	图 层 名 称	映射名称	图层信息描述	空间拓扑
△C0202	大修	大修	DX_PT	包括线路及工程设施的改扩建、路面大修等	点
△C0203	养护部门	养护部门	YHBM_PT	养护部门	点
△C0204	重点养护路段	重点养护路段	ZDYHLD_PL	包括车流量大的路段、重型车多行驶路段、交通情况复杂路段等	线
△C0205	路面道路养护信息	路面道路养护信息	LMDLYH-XX_PT	砂砾、碎石路面信息、低级沥青路面信息、高级沥青路面信息、水泥混凝土路面信息	点
△C0206	道路养护企业	道路养护企业	DLYHQY_PT	包括机械设备厂、制刷厂、涂料厂、标志器材厂等	点
△C0207	道路养护设备	维护与抢修救援车辆	WHYQXJY-CL_PT	包括养护车、抢修车、沥青路面修补车、沥青洒布车、清障车、清扫车等	点
△C0208		机械	JX_PT	包括热再生机、抛丸机、碎石洒布机、稀浆封层机、除雪机、铣刨机等	点
△C0209		维修与抢险救援设备	WXYQXJY-SB_PT	包括画线设备、开槽设备、碎石封层设备等	点

附 录 1-3-2
（资料性附录）
道路运输业务专用地理信息分层及命名

道路运输业务专用地理信息数据分层及命名示例见附表1-3-2。

道路运输业务专用地理信息数据分层及命名 附表1-3-2

层代码	要素类别	图 层 名 称	映射名称	图层信息描述	空间拓扑
△C0301	货运	普通货运	PTHY_PL	零担货运	线
△C0302		货物专用运输	HWZYHY_PL	整批货运	线
△C0303		集装箱汽车运输	JZXQCYS_PL	集装箱汽车运输	线
△C0304		大型物件运输	DXWJHY_PL	大型特型笨重物件运输	线
△C0305		危险货物运输	WXHWYS_PL	危险货物运输	线
△C0306		国际道路货物运输	GJDLHWYS_PL	快件（特快件）货运	线
△C0307		口岸	KA_PT	口岸	点
△C0308	客运	班车（加班车）客运	BCJBCKY_PL	班车（加班车）客运	线
△C0309		包车客运	BCKY_PL	包车客运	线
△C0310		旅游客运	LYKY_PL	旅游客运	线
△C0311		国际道路旅客运输	GJDLLKYS_PL	国际道路旅客运输	线
△C0312	站（场）经营	站（场）经营	ZCJY_PT	站（场）经营	点
△C0313	机动车维修	机动车维修	JDCWX_PT	机动车维修	点
△C0314	机动车驾驶员培训	机动车驾驶员培训	JDCJSYPX_PT	机动车驾驶员培训	点

续上表

层代码	要素类别	图 层 名 称	映射名称	图层信息描述	空间拓扑
△C0315	汽车综合性能检测	汽车综合性能检测	QCZHXNJC_PT	汽车综合性能检测	点
△C0316	汽车租赁	汽车租赁	QCZL_PT	汽车租赁	点
△C0317	其他	其他	QT_PT	其他	点

第四章　城市交通地理信息数据组织及数据库命名规则

1　范围

本标准规定了城市交通地理信息空间数据组织及数据库命名规则。

本标准适用于城市交通地理信息数据采集、整理、更新、管理、建库、共享与交换和产品开发。

2　规范性引用文件

下列文件对于本文件的应用是必不可少的。凡是注日期的引用文件，仅所注日期的版本适用于本文件。凡是不注日期的引用文件，其最新版本（包括所有的修改单）适用于本文件。

GB/T 4754—2011　国民经济行业分类
GB/T 13989—2012　国家基本比例尺地形图分幅和编号
DB45/T 1190—2015　城市交通地理信息分类与代码
DB45/T 1192—2015　城市交通地理信息数据分层及命名规则

3　数据的组织

3.1　数据的组织结构

数据按照图 1-4-1 所示结构进行组织：

——数据库由一个或者多个空间数据集组成；

——空间数据集由一个或者多个具有相同空间坐标系的图层组成。

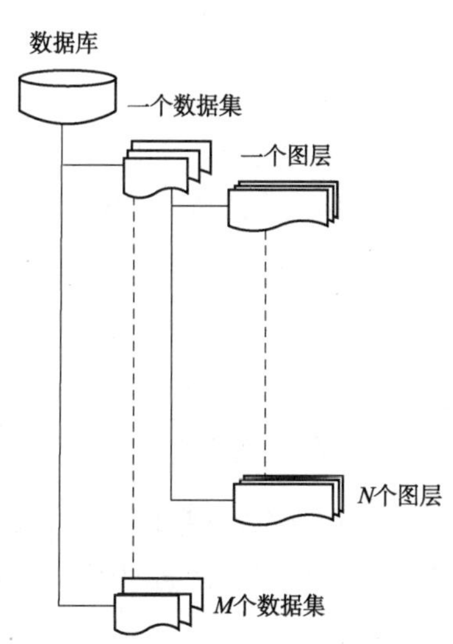

图 1-4-1　数据的组织结构

3.2　数据的存储与管理

基于关系型数据库和空间数据库引擎建立交通地理信息数据库，实现交通地理信息数据存储与管理。

3.3　空间数据集的组织

空间数据集按照《城市交通地理信息分类与代码》

(DB45/T 1190—2015)的门类、大类进行组织,交通基础地理信息和交通公共地理信息按照门类组织为两个空间数据集即交通基础地理信息数据集和交通公共地理信息数据集,业务专用地理信息按照大类组织为相应业务专用数据集。

3.4 图层与分区数据的组织

一个图层的数据采取统一存储在一个数据表中进行管理,在数据量较大情况下对数据表进行分区存储,分区按照空间分布进行。

4 数据库及空间数据集命名规则

4.1 数据库命名规则

数据库命名规则为:

交通运输行业代码应符合 GB/T 4754—2011 的规定。

4.2 空间数据集命名规则

空间数据集命名规则为:

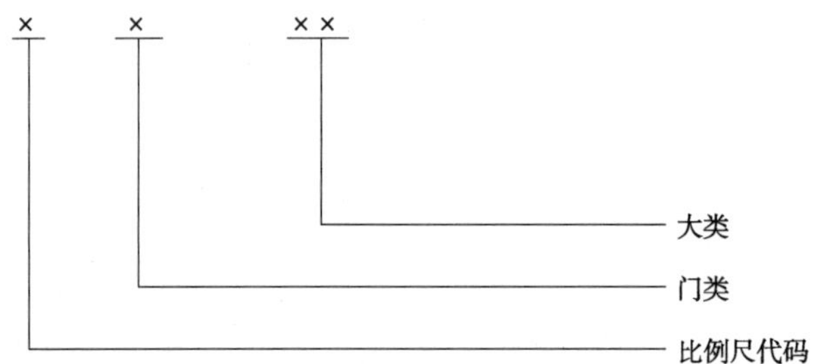

比例尺代码按照 GB/T 13989—2012 引用,如表 1-4-1 所示:

比 例 尺 代 码 表 表 1-4-1

比例尺	1:500	1:1 000	1:2 000	1:5 000	1:10 000	1:25 000	1:50 000	1:100 000	1:250 000
代码	K	J	I	H	G	F	E	D	C

4.3 图层命名规则

图层命名规则引用《城市交通地理信息数据分层及命名规则》(DB45/T 1192—2015)中建立的图层代码命名规则。

第五章　相关文件及标准编制说明

第一节　广西质量技术监督局立项文件

广西壮族自治区质量技术监督局

桂质监函〔2014〕238号

广西壮族自治区质量技术监督局关于下达2014年第二批广西地方标准制定（修订）项目计划的通知

各有关单位：

经研究，自治区质量技术监督局决定下达2014年第二批地方标准制定（修订）计划（见附件），本批计划共计158项。请你单位按照《广西壮族自治区地方标准管理规定》要求组织、监督有关广西专业标准化技术委员会和主要起草单位，抓紧落实和实施计划、在标准起草中加强与有关方面的协调、广泛听取意见、保证标准质量和水平，按时完成地方标准制修订任务。请起草单位将标准起草编写方案及时间进度表示2014年5月30日之前报送我局标准化处。

联系人：谢宏昭，0771－5360200－249；

电子邮箱：gxjbzhc@gxqts.gov.cn。

35	2014-0235	机动车保险理赔服务质量规范	推荐性	制定	2014.4–2014.12	自治区保监局	自治区质监局、自治区保监局
36	2014-0236	机动车保险理赔服务测评指标体系	推荐性	制定	2014.4–2014.12		
37	2014-0237	医院保洁操作规范	推荐性	制定	2014.4–2014.12	柳州市质监局	广西新生活后勤服务管理有限公司、柳州市标准技术研究所
38	2014-0238	桂林生态民居旅馆服务质量等级划分与评定	推荐性	制定	2014.4–2016.6	桂林市质监局	桂林市旅游局、桂林市旅游高等专科学校
39	2014-0239	药用植物园景区标识规范	推荐性	制定	2014.4–2014.12	广西中草药标准化技术委员会	广西药用植物园
40	2014-0240	药用植物展示标牌制作要求	推荐性	制定	2014.4–2014.12		
41	2014-0241	公路涉路施工活动技术评价规范	推荐性	制定	2014.4–2014.12	自治区交通厅	广西公路管理局、广西调整公路管理局、交通运输部公路科学研究院
42	2014-0242	标准化装配式桥梁检测评估和维修加固技术规范	推荐性	制定	2014.4–2015.12		广西交通规划勘察设计研究院
43	2014-0243	岩溶区公路隧道勘察、设计与施工技术规范	推荐性	制定	2014.4–2015.12		
44	2014-0244	高等级公路水泥混凝土路面设计规范	推荐性	制定	2014.4–2015.12		
45	2014-0245	预应力张拉施工质量检测验收规范	推荐性	制定	2014.4–2015.12		广西公路桥梁工程总公司、重庆交通大学
46	2014-0246	混凝土用机制砂技术规范	推荐性	制定	2014.4–2015.12		广西公路桥梁工程总公司、广西交通规划勘察设计研究院
47	2014-0247	公路避险车道设计规范	推荐性	制定	2014.4–2015.12		广西交通规划勘察设计研究院、北京道从交通安全科技股份有限公司
48	2014-0248	高速公路沥青路面施工技术规范	推荐性	制定	2014.4–2015.12		广西交通科学研究院、广西交通投资集团有限公司、广西公路桥梁总公司、广西路桥建设有限公司
49	2014-0249	城市交通地理信息分类与代码	推荐性	制定	2014.4–2014.12		南宁市交通运输局、南宁市勘察测绘地理信息院
50	2014-0250	高速公路电子不停车收费系统的车道检测技术规范	推荐性	制定	2014.4–2015.2		广西交通科学研究院
51	2014-0251	主要岩土层物理力学参数值规范 第1部分：南宁市	推荐性	制定	2014.4–2014.12	南宁市城乡建设委员会、南宁市质量技术监督局	广西壮族自治区交通规划勘察设计研究院、广西大学、南宁市轨道交通有限责任公司
52	2014-0252	自走式农业机械第1部分：号牌	推荐性	制定	2014.4–2014.12	自治区农业机械化管理局	自治区农机安全监理总站
53	2014-0253	低温绝热气瓶定期检验规则	推荐性	制定	2014.4–2014.12	自治区质量技术监督局	广西特检院
54	2014-0254	钢制危险化学品常压容器定期检验规范	推荐性	制定	2014.4–2014.12		
55	2014-0255	液化石油气储罐检修安全规程	推荐性	制定	2014.4–2014.12		
56	2014-0256	重质碳酸钙粉体企业安全生产标准化规范	推荐性	制定	2014.4–2014.12	贺州市安全生产监督管理局	贺州市安全生产监督管理局、贺州市质监局、贺州学院
57	2014-0257	新建房屋白蚁预防技术规程	推荐性	制定	2014.4–2014.12	自治区住建厅	南宁市白蚁防治所、柳州市白蚁防治所、广西标准院、防城港市白蚁防治所、北海市白蚁防治所
58	2014-0258	长螺旋压灌桩技术规范	推荐性	制定	2014.4–2014.12		广西华蓝岩土工程有限公司
59	2014-0259	贺州玉	推荐性	制定	2014.4–2014.12	广西产品质量监督检验研究院	广西产品质量监督检验研究院、贺州市质量技术监督局、广西观赏石协会、贺州市赏石协会
60	2014-0260	复混肥料中钾含量的测定 电感耦合等离子体发射光谱法	推荐性	制定	2014.4–2014.12		广西产品质量监督检验研究院
61	2014-0261	防盗防火安全门通用技术条件	推荐性	制定	2014.4–2015.12		

广西壮族自治区质量技术监督局

桂质监函〔2014〕381号

广西壮族自治区质量技术监督局关于下达2014年第四批广西地方标准制定（修订）项目计划的通知

各有关单位：

经研究，自治区质量技术监督局决定下达2014年第四批地方标准制定（修订）计划（见附件），本批计划共计204项。依据《广西壮族自治区地方标准管理规定》要求，请组织和监督专业标准化技术委员会和主要起草单位，落实和实施计划。在标准起草中应加强与有关方面的协调，广泛听取意见，保证标准质量和水平，按时完成地方标准制修订任务。请起草单位将标准起草编写方案及时间进度表于2014年7月30日之前报送我局标准化处。

联系人：谢宏昭，0771－5360200－249；

电子邮箱：gxjbzhc@gxqts.gov.cn。

2014-0404	大石山区微小型人饮工程技术导则	推荐性	制定	2014.6-2014.12	/		广西水利科学研究院
2014-0405	水稻节水高产灌溉技术规程	推荐性	制定	2014.6-2014.12	/		广西灌溉试验中心站
2014-0406	科技成果评价指标	推荐性	制定	2014.6-2014.12	/	自治区科技厅	广西科学技术情报研究所、南宁市科航金桥创业咨询有限公司
2014-0407	卷烟单位产品能源消耗限额	推荐性	制定	2014.6-2014.12	/	自治区发改委、自治区工信委	广西计量检测研究院、国家城市能源计量中心(广西)
2014-0408	啤酒单位产品能源消耗限额	推荐性	制定	2014.6-2014.12	/		
2014-0409	防火门设计、安装、验收及维护规范	推荐性	制定	2014.6-2014.12	/	自治区公安消防总队	自治区公安消防总队
2014-0410	火灾高危单位消防安全评估规程	推荐性	制定	2014.6-2014.12	/		
2014-0411	港口控制性详细规划编制内容及文本格式规范	推荐性	制定	2014.6-2015.12	/		广西交通规划勘察设计研究院
2014-0412	普通干线公路水泥混凝土路面多锤头碎石化设计施工技术规范	推荐性	制定	2014.6-2015.12	/		自治区公路管理局、交通运输部公路科学研究院
2014-0413	普通干线公路沥青混凝土路面就地冷再生技术设计施工技术规范	推荐性	制定	2014.6-2015.12	/		
2014-0414	普通干线公路沥青混凝土路面就地热再生技术设计施工技术规范	推荐性	制定	2014.6-2015.12	/		
2014-0415	普通干线公路半刚性基层沥青路面养护设计施工技术规范	推荐性	制定	2014.6-2015.12	/	自治区交通运输厅	自治区公路管理局、交通运输部公路科学研究院
2014-0416	城市交通地理信息属性数据结构	推荐性	制定	2014.6-2014.12	/		南宁市交通运输局、南宁市勘察测绘地理信息院
2014-0417	城市交通地理信息数据分层及命名规则	推荐性	制定	2014.6-2014.12	/		
2014-0418	城市交通地理信息数据组织及数据库命名规则	推荐性	制定	2014.6-2014.12	/		
2014-0419	生产经营单位职业病危害现状评价技术导则	推荐性	制定	2014.6-2015.12	/	自治区卫生厅	广西职业病防治研究院
2014-0420	汽车加油站、油库职业卫生管理规范	推荐性	制定	2014.6-2015.12	/		
2014-0421	医用电子加速器质量控制检测技术要求	推荐性	制定	2014.6-2015.12	/		广西疾病预防控制中心

第二节 《城市交通地理信息分类与代码》编制说明

1 工作概况

1.1 任务来源

2014 年 4 月,经广西壮族自治区质量技术监督局审查批准,《城市交通地理信息分类与代码》列入 2014 年第二批广西地方标准制定(修订)项目计划(桂质监函〔2014〕238 号),项目编号为 2014 -0249。

1.2 起草单位和起草人

本标准负责起草单位:南宁市交通运输局、南宁市勘察测绘地理信息院。

本标准参加起草单位:南宁市交通运输信息管理中心、南宁市公路管理处、南宁市道路运输管理处、南宁市港航管理处、南宁市城市客运交通管理处。

本标准主要起草人:梁展凡、王劼耘、黄炳强、韦海和、陈龙、晏明星、严凯、商小燕、冷春生、阮明、陈禧、尹哲明、涂新昌、朱海、李文斌、莫庆球、李东平、吴婉倢、马逸之、刘第二、姚奇峰、陈达春、刘司慧。

1.3 主要工作过程

2013 年 12 月,南宁市交通运输局、南宁市勘察测绘地理信息院组织成立了《城市交通地理信息分类与代码》项目编写项目组。编写组在经过大量的调研及总结现有经验和研究成果基础上,召开内部会议对标准制定的内容进行了深入研究,进一步确定了标准的编制思路和内容,明确了人员分工。

2013 年 12 月 20 日,南宁市交通运输局组织召开《城市交通地理信息分类与代码》编制工作大纲论证会,认可了编制工作大纲。

2014 年 1 月 5 日,编写组阅读了大量的文献,进行了项目科技查新,按照各自的分工,分别开展了国内外相关资料的收集整理。

2014 年 3 月 28 日,编写组成员赴北京、武汉等国内先进城市调研,完成了调研报告的编写。

2014 年 6 月 30 日,完成标准初稿的编写工作。

2014 年 7 月 30 日,咨询地理信息及行业专家,展开专业研讨,收集专家意见,并根据相关专家意见对标准初稿进行修改和完善,最终形成征求意见稿。

2014 年 9 ~10 月广西各地市交通局及地理信息相关单位第一次征求意见。

2014 年 10 月 20 日,项目组召开内部讨论会,对标准进行进一步讨论修改。

2015 年 1 月 27 日,在市交通运输局再次召开征求意见会,广西交通运输厅、广西高速公路管理局、广西公路管理局、广西道路运输管理局、广西港航管理局、广西交通工程质量监督站、市交通运输局及局属事业单位对标准进行第二次征求意见并讨论修改,形成送审稿。

2015 年 3 月 6 日,在广西南宁召开了送审稿审定会,对送审稿进行逐条审核,并提出修改意见。

2015 年 3 月 17 日至 3 月 20 日，根据审定意见逐条修改完善，形成报批稿。

2015 年 6 月 1 日，广西壮族自治区质量技术监督局批准《城市交通地理信息分类与代码》(DB45/T 1190—2015)正式发布。

2015 年 7 月 1 日，广西壮族自治区质量技术监督局批准《城市交通地理信息分类与代码》(DB45/T 1190—2015)正式实施。

2 标准编制原则和主要内容

2.1 标准的编制原则

本标准的编制遵循国家施工与设计相关标准、行业施工与设计相关标准，在充分调研的基础上，充分研究广西交通地理信息的特点，考虑交通运输行业的需求，有针对性地进行增加、取舍、综合、分类，为确保编制的标准能够保障规范并引导行业企事业单位做好交通地理信息数据生产、管理、共享与交换工作的需要。经过起草工作组成员讨论认证，确定标准编制遵循下列基本原则：

(1)科学性原则

分析国内标准体系的现状和特点，结合城市交通地理信息的现状和规划需求，对国内现有的和正在制定的相关地理信息标准、相关公路交通标准进行梳理、归纳和分类，建立科学实用合理的广西城市交通地理信息标准。

(2)承接性原则

标准术语应与相应国家、国际、行业和地方标准的规定内容相一致，杜绝条文自相矛盾。标准技术内容应与国家、国际、行业和地方标准兼容，防止出现冲突，确保一致性。标准技术内容中引用其他标准时，需明确指出所引用标准内容，增强标准的可读性和可操作性。

(3)可操作性原则

标准的起草是在充分调研和征求专家意见基础上，广泛同地理信息、公路管理、交通规划等领域的专家交流和研讨，认真分析城市交通地理信息涵盖的内容，标准内容针对性强，可操作性高。

2.2 标准主要内容

广西城市交通地理信息系列标准由《城市交通地理信息分类与代码》、《城市交通地理信息属性数据结构》、《城市交通地理信息数据分层及命名规则》、《城市交通地理信息数据组织及数据库命名规则》四个标准组成，这四个标准整体上保持了一致性。

《城市交通地理信息分类与代码》征求意见稿内容共分 6 章，还包括前言和附录。第 1 章规定了标准的范围；第 2 章给出了规范性引用文件；第 3 章为有关术语和定义；第 4 章为分类原则与方法；第 5 章为编码方法；第 6 章为代码表。

3 标准主要内容的确定依据

通过对广西交通现状调研，标准制定的广西交通的地域范围应包涵市域范围内的乡、

镇、村。本标准明确定义城市交通不仅包含城市市区交通，而是包含城市市域范围，包含城市市区、郊区及乡村的道路（地面、地下、高架、水道、索道等）系统间的公众出行和客货输送。从行业角度来说，标准涵盖了综合交通的各个方面，包括公路、道路、水运、铁路、民航、公共交通（包括轨道交通、公交、出租汽车等）、邮政等方面内容。

依据分类原则与方法，将交通地理信息划分为基础地理信息、交通公共地理信息、交通业务专用地理信息三大门类。

基础地理信息的划分严格参照《基础地理信息要素分类与代码》（GB/T 13923—2006）中的分类方法，分为水系、居民地及设施、管线、境界与政区、地貌、土质与植被，基础地理信息一般作为基础地理要素背景，信息更新变化频率不高。农村与市区之间的道路参照国家标准，做好标准的衔接，交通公共地理信息的划分公共交通、城际交通、城市道路、道路交通设施、水运设施及航道、重点单位及动态信息五类。交通公共地理信息重点关注交通相关信息，重点考虑了重点单位、城市立体交叉、道路单双向通行情况、道路限行、桥梁限重、人行过街天桥限高、地下通道、地铁轻轨以及道路动态信息等内容，在道路分级上分类也更细。交通业务专用地理信息描述业务单位内部应用反映业务管理特征的地理信息，业务专用地理信息大类代码参照交通组织机构编制，其中类和小类由各业务部门根据具体业务自行确定。

4 与有关的现行法律、法规和强制性国家标准的关系

本标准遵守《中华人民共和国标准化法》等相关法律，遵守《地方标准管理办法》（1999年8月24日国家技术监督局第10号令）、《广西壮族自治区地方标准管理规定》（桂质技监〔2000〕185号）等相关法规、规章，还借鉴、引用了以下国家标准，凡是注日期的引用文件，仅注日期的版本适用于本文件。包括《基础地理信息要素分类与代码》（GB/T 21740—2008）、《基础地理信息城市数据库建设规范》（GB/T 21740—2008）、《交通管理信息属性分类与编码城市道路》（GB/T 21379—2008）、《道路交通信息采集信息分类与编码》（GB/T 20133—2006）、《道路交通信息服务信息分类与编码》（GB/T 21394—2008）、《中央党政机关、人民团体及其他机构代码》（GB/T 4657—2002）、《城市轨道交通工程基本术语标准》（GB/T 50833—2012）、《城市轨道交通试运营基本条件》（GB/T 30013—2013）、《港口主要统计指标分类与代码》（JT/T 437—2001）、《水路运输主要统计指标分类与代码》（JT/T 438—2001）。

5 本标准的实施建议

建议本标准作为推荐性标准，本标准作为广西交通地理信息数据采集、整理、更新、管理、建库、共享与交换和产品开发的约束文件，在编制过程中，充分吸收了相关的现行法律、法规和强制性国家标准，与既有法律、法规及标准体系不存在冲突。在尊重现行法律、法规和强制性国家标准的同时，充分吸收其相关精髓，使之更切合城市交通地理信息系统的要求。本标准实施后，对整合广西交通地理信息与数据共享、统一广西交通地理信息库标准，提高广西交通地理信息系统的建设等具有重要的作用。

第三节 《城市交通地理信息属性数据结构》编制说明

1 工作概况

1.1 任务来源

2014 年 6 月,经广西壮族自治区质量技术监督局审查批准,《城市交通地理信息属性数据结构》列入 2014 年第四批广西地方标准制定(修订)项目计划(桂质监函〔2014〕381 号),项目编号为 2014 - 0416。

1.2 起草单位和起草人

本标准负责起草单位:南宁市交通运输局、南宁市勘察测绘地理信息院。

本标准参加起草单位:南宁市交通运输信息管理中心、南宁市公路管理处、南宁市道路运输管理处、南宁市港航管理处、南宁市城市客运交通管理处。

本标准主要起草人:梁展凡、王劼耘、黄炳强、韦海和、陈龙、晏明星、严凯、商小燕、冷春生、阮明、陈禧、尹哲明、涂新昌、朱海、李文斌、莫庆球、李东平、吴婉倢、马逸之、刘第二、姚奇峰、陈达春、刘司慧。

1.3 主要工作过程

2013 年 12 月,南宁市交通运输局、南宁市勘察测绘地理信息院组织成立了《城市交通地理信息属性数据结构》项目编写项目组。编写组在经过大量的调研及总结现有经验和研究成果基础上,召开内部会议对标准制定的内容进行了深入研究,进一步确定了标准的编制思路和内容,明确了人员分工。

2013 年 12 月 20 日,南宁市交通运输局组织召开《城市交通地理信息分类与代码》编制工作大纲论证会,认可了编制工作大纲。

2014 年 1 月 5 日,编写组阅读了大量的文献,进行了项目科技查新,按照各自的分工,分别开展了国内外相关资料的收集整理。

2014 年 3 月 28 日,编写组成员赴北京、武汉等国内先进城市调研,完成了调研报告的编写。

2014 年 6 月 30 日,完成标准初稿的编写工作。

2014 年 7 月 30 日,咨询地理信息及行业专家,展开专业研讨,收集专家意见,并根据相关专家意见对标准初稿进行修改和完善,最终形成征求意见稿。

2014 年 9 ~ 10 月广西各地市交通局及地理信息相关单位第一次征求意见。

2014 年 10 月 20 日,项目组召开内部讨论会,对标准进行进一步讨论修改。

2015 年 1 月 27 日,在市交通运输局再次召开征求意见会,广西交通运输厅、广西高速公路管理局、广西公路管理局、广西道路运输管理局、广西港航管理局、广西交通工程质量监督站、市交通运输局及局属事业单位对标准进行第二次征求意见并讨论修改,形成送审稿。

2015 年 3 月 6 日,在广西南宁召开了送审稿审定会,对送审稿进行逐条审核,并提出修改意见。

2015 年 3 月 17 日至 3 月 20 日,根据审定意见逐条修改完善,形成报批稿。

2015 年 6 月 1 日,广西壮族自治区质量技术监督局批准《城市交通地理信息属性数据结构》(DB45/T 1191—2015)正式发布。

2015 年 7 月 1 日,广西壮族自治区质量技术监督局批准《城市交通地理信息属性数据结构》(DB45/T 1191—2015)正式实施。

2 标准编制原则和主要内容

2.1 标准的编制原则

本标准的编制遵循国家施工与设计相关标准、行业施工与设计相关标准,在充分调研的基础上,充分研究广西城市交通地理信息的特点,考虑交通运输行业的需求,有针对性地进行增加、取舍、综合、分类,为确保编制的标准能够保障规范并引导行业企事业单位做好交通地理信息数据生产、管理、共享与交换工作的需要。经过起草工作组成员讨论认证,确定标准编制遵循下列基本原则:

(1)科学性原则

分析国内标准体系的现状和特点,结合城市交通地理信息的现状和规划需求,对国内现有的和正在制定的相关地理信息标准、相关公路交通标准进行梳理、归纳和分类,建立科学实用合理的广西城市交通地理信息标准。

(2)承接性原则

标准术语应与相应国家、国际、行业和地方标准的规定内容相一致,杜绝条文自相矛盾。标准技术内容应与国家、国际、行业和地方标准兼容,防止出现冲突,确保一致性。标准技术内容中引用其他标准时,需明确指出所引用标准内容,增强标准的可读性和可操作性。

(3)可操作性原则

标准的起草是在充分调研和征求专家意见基础上,广泛同地理信息、公路管理、交通规划等领域的专家交流和研讨,认真分析城市交通地理信息涵盖的内容,标准内容针对性强,可操作性高。

2.2 标准主要内容

广西城市交通地理信息系列标准由《城市交通地理信息分类与代码》、《城市交通地理信息属性数据结构》、《城市交通地理信息数据分层及命名规则》、《城市交通地理信息数据组织及数据库命名规则》四个标准组成,这四个标准整体上保持了一致性。

《城市交通地理信息属性数据结构》征求意见稿内容共分 7 章,还包括前言。第 1 章规定了标准的范围;第 2 章给出了规范性引用文件;第 3 章为有关术语和定义;第 4 章为属性数据项的分类;第 5 章为属性数据项内容;第 6 章为属性数据项字段名称的命名规则;第 7 章为交通地理信息属性结构扩展数据项。

3 标准主要内容的确定依据

按照地理实体的自然属性、社会属性将地理实体的属性数据项分为基本属性数据项、扩展属性数据项、业务专用属性数据项。

根据大量实践与工作总结,交通基础地理信息数据扩展数据项重点关注名称、类型等属性,而交通公共地理信息属性则根据要素特点,重点关注内容各有不同,地铁线路、轻轨线路、电车线路、公交线路重点关注线路名称、线路起至、长度、站数、首末时间等,停车场关注名称、车位数量、重点单位关注分类、名称、地址等,道路网重点关注名称、起至、路面宽度、类型、道路限行信息,道路附属设施关注名称、限高,动态交通信息关注发生地址,发生时间等信息。

4 与有关的现行法律、法规和强制性国家标准的关系

本标准遵守《中华人民共和国标准化法》等相关法律,遵守《地方标准管理办法》(1999年8月24日国家技术监督局第10号令)、《广西壮族自治区地方标准管理规定》(桂质技监〔2000〕185号)等相关法规、规章,还借鉴、引用了以下国家标准,凡是注日期的引用文件,仅注日期的版本适用于本文件。包括《基础地理信息要素分类与代码》(GB/T 21740—2008)、《基础地理信息城市数据库建设规范》(GB/T 21740—2008)、《交通管理信息属性分类与编码城市道路》(GB/T 21379—2008)、《道路交通信息采集信息分类与编码》(GB/T 20133—2006)、《道路交通信息服务信息分类与编码》(GB/T 21394—2008)、《中央党政机关、人民团体及其他机构代码》(GB/T 4657—2002)、《城市轨道交通工程基本术语标准》(GB/T 50833—2012)、《城市轨道交通试运营基本条件》(GB/T 30013—2013)、《港口主要统计指标分类与代码》(JT/T 437—2001)、《水路运输主要统计指标分类与代码》(JT/T 438—2001)。

5 本标准的实施建议

建议本标准作为推荐性标准,本标准作为广西交通地理信息数据采集、整理、更新、管理、建库、共享与交换和产品开发的约束文件,在编制过程中,充分吸收了相关的现行法律、法规和强制性国家标准,与既有法律、法规及标准体系不存在冲突。在尊重现行法律、法规和强制性国家标准的同时,充分吸收其相关精髓,使之更切合城市交通地理信息系统的要求。本标准实施后,对整合广西交通地理信息与数据共享、统一广西交通地理信息库标准,提高广西交通地理信息系统的建设等具有重要的作用。

第四节 《城市交通地理信息数据分层及命名规则》编制说明

1 工作概况

1.1 任务来源

2014年6月,经广西壮族自治区质量技术监督局审查批准,《城市交通地理信息数据分

层及命名规则》列入2014年第四批广西地方标准制定(修订)项目计划(桂质监函〔2014〕381号),项目编号为2014-0417。

1.2 起草单位和起草人

本标准负责起草单位:南宁市交通运输局、南宁市勘察测绘地理信息院。

本标准参加起草单位:南宁市交通运输信息管理中心、南宁市公路管理处、南宁市道路运输管理处、南宁市港航管理处、南宁市城市客运交通管理处。

本标准主要起草人:梁展凡、王劼耘、黄炳强、韦海和、陈龙、晏明星、严凯、商小燕、冷春生、阮明、陈禧、尹哲明、涂新昌、朱海、李文斌、莫庆球、李东平、吴婉倢、马逸之、刘第二、姚奇峰、陈达春、刘司慧。

1.3 主要工作过程

2013年12月,南宁市交通运输局、南宁市勘察测绘地理信息院组织成立了《城市交通地理信息数据分层及命名规则》项目编写项目组。编写组在经过大量的调研及总结现有经验和研究成果基础上,召开内部会议对标准制定的内容进行了深入研究,进一步确定了标准的编制思路和内容,明确了人员分工。

2013年12月20日,南宁市交通运输局组织召开《城市交通地理信息数据分层及命名规则》编制工作大纲论证会,认可了编制工作大纲。

2014年1月5日,编写组阅读了大量的文献,进行了项目科技查新,按照各自的分工,分别开展了国内外相关资料的收集整理。

2014年3月28日,编写组成员赴北京、武汉等国内先进城市调研,完成了调研报告的编写。

2014年6月30日,完成标准初稿的编写工作。

2014年7月30日,咨询地理信息及行业专家,展开专业研讨,收集专家意见,并根据相关专家意见对标准初稿进行修改和完善,最终形成征求意见稿。

2014年9~10月广西各地市交通局及地理信息相关单位第一次征求意见。

2014年10月20日,项目组召开内部讨论会,对标准进行进一步讨论修改。

2015年1月27日,在市交通运输局再次召开征求意见会,广西交通运输厅、广西高速公路管理局、广西公路管理局、广西道路运输管理局、广西港航管理局、广西交通工程质量监督站、市交通运输局及局属事业单位对标准进行第二次征求意见并讨论修改,形成送审稿。

2015年3月6日,在广西南宁召开了送审稿审定会,对送审稿进行逐条审核,并提出修改意见。

2015年3月17日至3月20日,根据审定意见逐条修改完善,形成报批稿。

2015年6月1日,广西壮族自治区质量技术监督局批准《城市交通地理信息数据分层及命名规则》(DB45/T 1192—2015)正式发布。

2015年7月1日,广西壮族自治区质量技术监督局批准《城市交通地理信息数据分层及命名规则》(DB45/T 1192—2015)正式实施。

2　标准编制原则和主要内容

2.1　标准的编制原则

本标准的编制遵循国家施工与设计相关标准、行业施工与设计相关标准，在充分调研的基础上，充分研究广西交通地理信息的特点，考虑交通运输行业的需求，有针对性地进行增加、取舍、综合、分类，为确保编制的标准能够保障规范并引导行业企事业单位做好交通地理信息数据生产、管理、共享与交换工作的需要。经过起草工作组成员讨论认证，确定标准编制遵循下列基本原则：

（1）科学性原则

分析国内标准体系的现状和特点，结合城市交通地理信息的现状和规划需求，对国内现有的和正在制定的相关地理信息标准、相关公路交通标准进行梳理、归纳和分类，建立科学实用合理的广西城市交通地理信息标准。

（2）承接性原则

标准术语应与相应国家、国际、行业和地方标准的规定内容相一致，杜绝条文自相矛盾。标准技术内容应与国家、国际、行业和地方标准兼容，防止出现冲突，确保一致性。标准技术内容中引用其他标准时，需明确指出所引用标准内容，增强标准的可读性和可操作性。

（3）可操作性原则

标准的起草是在充分调研和征求专家意见基础上，广泛同地理信息、公路管理、交通规划等领域的专家交流和研讨，认真分析城市交通地理信息涵盖的内容，标准内容针对性强，可操作性高。

2.2　标准主要内容

广西城市交通地理信息系列标准由《城市交通地理信息分类与代码》、《城市交通地理信息属性数据结构》、《城市交通地理信息数据分层及命名规则》、《城市交通地理信息数据组织及数据库命名规则》四个标准组成，这四个标准整体上保持了一致性。

《城市交通地理信息数据分层及命名规则》征求意见稿内容共分 6 章，还包括前言和附录。第 1 章规定了标准的范围；第 2 章给出了规范性引用文件；第 3 章为数据分层原则；第 4 章为图层命名规则；第 5 章为图层代码及编码规则；第 6 章为数据分层及命名列表。

3　标准主要内容的确定依据

通过对广西交通地理信息应用实际情况进行调研，对广西交通地理信息数据分层与空间拓扑进行了总结，形成了在广西壮族自治区境内有指导意义的《城市交通地理信息数据分层及命名规则》。

4　与有关的现行法律、法规和强制性国家标准的关系

本标准遵守《中华人民共和国标准化法》等相关法律，遵守《地方标准管理办法》（1999

年8月24日国家技术监督局第10号令)、《广西壮族自治区地方标准管理规定》(桂质技监〔2000〕185号)等相关法规、规章,还借鉴、引用了以下国家标准,凡是注日期的引用文件,仅注日期的版本适用于本文件。包括《基础地理信息要素分类与代码》(GB/T 21740—2008)、《基础地理信息城市数据库建设规范》(GB/T 21740—2008)、《交通管理信息属性分类与编码城市道路》(GB/T 21379—2008)、《道路交通信息采集信息分类与编码》(GB/T 20133—2006)、《道路交通信息服务信息分类与编码》(GB/T 21394—2008)、《中央党政机关、人民团体及其他机构代码》(GB/T 4657—2002)、《城市轨道交通工程基本术语标准》(GB/T 50833—2012)、《城市轨道交通试运营基本条件》(GB/T 30013—2013)、《港口主要统计指标分类与代码》(JT/T 437—2001)、《水路运输主要统计指标分类与代码》(JT/T 438—2001)。

5 本标准的实施建议

建议本标准作为推荐性标准,本标准作为广西交通地理信息数据采集、整理、更新、管理、建库、共享与交换和产品开发的约束文件,在编制过程中,充分吸收了相关的现行法律、法规和强制性国家标准,与既有法律、法规及标准体系不存在冲突。在尊重现行法律、法规和强制性国家标准的同时,充分吸收其相关精髓,使之更切合城市交通地理信息系统的要求。本标准实施后,对整合广西交通地理信息与数据共享、统一广西交通地理信息库标准,提高广西交通地理信息系统的建设等具有重要的作用。

第五节 《城市交通地理信息数据组织及数据库命名规则》编制说明

1 工作概况

1.1 任务来源

2014年6月,经广西壮族自治区质量技术监督局审查批准,《城市交通地理信息数据组织及数据库命名规则》列入2014年第四批广西地方标准制定(修订)项目计划(桂质监函〔2014〕381号),项目编号为2014-0418。

1.2 起草单位和起草人

本标准负责起草单位:南宁市交通运输局、南宁市勘察测绘地理信息院。

本标准参加起草单位:南宁市交通运输信息管理中心、南宁市公路管理处、南宁市道路运输管理处、南宁市港航管理处、南宁市城市客运交通管理处。

本标准主要起草人:梁展凡、王劼耘、黄炳强、韦海和、陈龙、晏明星、严凯、商小燕、冷春生、阮明、陈禧、尹哲明、涂新昌、朱海、李文斌、莫庆球、李东平、吴婉倢、马逸之、刘第二、姚奇峰、陈达春、刘司慧。

1.3 主要工作过程

2013 年 12 月,南宁市交通运输局、南宁市勘察测绘地理信息院组织成立了《城市交通地理信息数据组织及数据库命名规则》项目编写项目组。编写组在经过大量的调研及总结现有经验和研究成果基础上,召开内部会议对标准制定的内容进行了深入研究,进一步确定了标准的编制思路和内容,明确了人员分工。

2013 年 12 月 20 日,南宁市交通运输局组织召开《城市交通地理信息数据组织及数据库命名规则》编制工作大纲论证会,认可了编制工作大纲。

2014 年 1 月 5 日,编写组阅读了大量的文献,进行了项目科技查新,按照各自的分工,分别开展了国内外相关资料的收集整理。

2014 年 3 月 28 日,编写组成员赴北京、武汉等国内先进城市调研,完成了调研报告的编写。

2014 年 6 月 30 日,完成标准初稿的编写工作。

2014 年 7 月 30 日,咨询地理信息及行业专家,展开专业研讨,收集专家意见,并根据相关专家意见对标准初稿进行修改和完善,最终形成征求意见稿。

2014 年 9 ~ 10 月广西各地市交通局及地理信息相关单位第一次征求意见。

2014 年 10 月 20 日,项目组召开内部讨论会,对标准进行进一步讨论修改。

2015 年 1 月 27 日,在市交通运输局再次召开征求意见会,广西交通运输厅、广西高速公路管理局、广西公路管理局、广西道路运输管理局、广西港航管理局、广西交通工程质量监督站、市交通运输局及局属事业单位对标准进行第二次征求意见并讨论修改,形成送审稿。

2015 年 3 月 6 日,在广西南宁召开了送审稿审定会,对送审稿进行逐条审核,并提出修改意见。

2015 年 3 月 17 日至 3 月 20 日,根据审定意见逐条修改完善,形成报批稿。

2015 年 6 月 1 日,广西壮族自治区质量技术监督局批准《城市交通地理信息数据组织及数据库命名规则》(DB45/T 1189—2015)正式发布。

2015 年 7 月 1 日,广西壮族自治区质量技术监督局批准《城市交通地理信息数据组织及数据库命名规则》(DB45/T 1189—2015)正式实施。

2 标准编制原则和主要内容

2.1 标准的编制原则

本标准的编制遵循国家施工与设计相关标准、行业施工与设计相关标准,在充分调研的基础上,充分研究广西交通地理信息的特点,考虑交通运输行业的需求,有针对性地进行增加、取舍、综合、分类,为确保编制的标准能够保障规范并引导行业企事业单位做好交通地理信息数据生产、管理、共享与交换工作的需要。经过起草工作组成人员讨论认证,确定标准编制遵循下列基本原则:

(1)科学性原则

分析国内标准体系的现状和特点,结合城市交通地理信息的现状和规划需求,对国内现有的和正在制定的相关地理信息标准、相关公路交通标准进行梳理、归纳和分类，建立科学实用合理的广西城市交通地理信息标准。

(2)承接性原则

标准术语应与相应国际、国家、行业和地方标准的规定内容相一致，杜绝条文自相矛盾。标准技术内容应与国际、国家、行业和地方标准兼容，防止出现冲突，确保一致性。标准技术内容中引用其他标准时，需明确指出所引用标准内容，增强标准的可读性和可操作性。

(3)可操作性原则

标准的起草是在充分调研和征求专家意见基础上，广泛同地理信息、公路管理、交通规划等领域的专家交流和研讨，认真分析城市交通地理信息涵盖的内容，标准内容针对性强，可操作性高。

2.2 标准主要内容

广西城市交通地理信息系列标准由《城市交通地理信息分类与代码》、《城市交通地理信息属性数据结构》、《城市交通地理信息数据分层及命名规则》、《城市交通地理信息数据组织及数据库命名规则》四个标准组成，这四个标准整体上保持了一致性。

《城市交通地理信息数据组织及数据库命名规则》征求意见稿内容共分 4 章，还包括前言。第 1 章规定了标准的范围；第 2 章给出了规范性引用文件；第 3 章为规定了数据的组织；第 4 章为数据库命名规则。

3 标准主要内容的确定依据

通过对广西交通地理信息应用实际情况进行调研，对广西交通地理信息数据的组织结构、存储与管理、数据集的组织及数据库命名规则做了详细的规定，形成了在广西壮族自治区境内有指导意义的《城市交通地理信息数据组织及数据库命名规则》。

4 与有关的现行法律、法规和强制性国家标准的关系

本标准遵守《中华人民共和国标准化法》等相关法律，遵守《地方标准管理办法》(1999 年 8 月 24 日国家技术监督局第 10 号令)、《广西壮族自治区地方标准管理规定》(桂质技监〔2000〕185 号)等相关法规、规章，还借鉴、引用了以下国家标准，凡是注日期的引用文件，仅注日期的版本适用于本文件。包括 GB/T 21740—2008 基础地理信息要素分类与代码、GB/T 21740—2008 基础地理信息城市数据库建设规范、GB/T 21379—2008 交通管理信息属性分类与编码城市道路、GB/T 20133—2006 道路交通信息采集信息分类与编码、GB/T 21394—2008 道路交通信息服务信息分类与编码、GB/T 4657—2002 中央党政机关、人民团体及其他机构代码。

5 本标准的实施建议

建议本标准作为推荐性标准，本标准作为广西交通地理信息数据采集、整理、更新、管

理、建库、共享与交换和产品开发的约束文件,在编制过程中,充分吸收了相关的现行法律、法规和强制性国家标准,与既有法律、法规及标准体系不存在冲突。在尊重现行法律、法规和强制性国家标准的同时,充分吸收其相关精髓,使之更切合城市交通地理信息系统的要求。本标准实施后,对整合广西交通地理信息与数据共享、统一广西交通地理信息库标准,提高广西交通地理信息系统的建设等具有重要的作用。

第二部分

标准条文解读

第一章 广西城市交通地理信息标准结构

1 标准制定背景

1)交通的发展

我国正处于工业化、城镇化、信息化不断发展的时期,使得城市交通系统越来越多地承载着居民日常工作、生活和社会活动的基本设施,承担着城市建设和发展任务,交通运输效率的高低会直接影响经济发展与城市发展速度。随着城市的快速发展,城市交通系统的日益完善,交通管理要求越来越高,交通数据采集的要求越来越多,城市交通也由单一的交通运输方式向铁路、公路、航空、水运等多种形式的综合交通转变。

2)地理信息在交通领域的广泛应用

交通作为国家的经济大动脉,是城市人文的重要组成部分,在国民经济和人们生活中发挥着重要作用,并与人们的生活息息相关。随着城市人口的快速增长以及城市之间联系的增加,人们对提高道路交通网的通行能力和通行质量的呼声越来越高。因此,完善道路规划,提高道路施工质量,有效减缓道路交通压力,保证路网的畅通和通行质量是交通管理部门日常需要解决和关心的问题。

交通是一个复杂的城市人文要素,并不是孤立存在的,其发展和建设需要与经济、环境、人口等诸多因素有关,只有将这些信息要素与道路规划和设计以及日常管理和维护工作紧密结合,并利用计算机信息技术才能建设满足需要的道路交通网。所有这些信息都有赖于其地理位置等信息。因此 GIS(地理信息系统)作为信息系统的一部分是必不可少的。它不仅可以提供直观的可视化效果,将各种信息以其地理位置为基础进行显示、查询和统计,更重要的是它还能够为决策者提供辅助决策的手段和依据。

(1)铁路管理

铁路运输担负着国家长距离客运和货运的重任,流量大是其显著特点,随着近几年国家铁路网的建设,已基本形成四通八达的网络环境。地理信息在这一领域的应用大致有资产管理、设施管理、车辆跟踪、物流分析、紧急事故处理、联运管理、旅客信息管理、运输能力规划分析、选址选线分析等。

(2)运输调度

这一应用被广泛应用于货运或客运部门,这些部门对运输的要求是精确——精确的时间、精确的地点等。例如何时何地上货、何时何地下货、如何在代价最小的情况下保证货物准时到达目的地。具体包括:车辆(警车、运钞车、消防车、重要车辆)跟踪和调度、路径优化分析(最短路径、代价最小路径及耗时最少路径)、设备管理、运输路线分析(根据地址、货物接运要求到达的时间等合理调度车辆,安排车辆的行车路线以及制定派工单等)。

(3)港口和水运管理

港口和水运管理对于水陆交通发达的国家和地区来说是非常重要的。大量的货物的进出口,船只的调度等。由于运输量大量增加,很多设备已经大大超过他们的承受能力。因此合理的调度和运用这些设备,以提高整体的运输质量是非常重要的。

(4)航空和飞行管理

GIS 在航运方面的应用主要分为以下几个部分:地面设备以及机场控制区的设备管理、模拟飞行及噪声管理、机场与周边环境保护管理、航运能力以及交通规划等。

(5)公共交通管理

公共交通运输包括公交车、出租车等,这些车辆运输的效率如何直接会对城市居民的生活质量产生影响。GIS 在公共交通管理中的应用主要体现在以下几个方面:公交车辆的调度和紧急事故的处理、车辆的自动定位和跟踪显示、客运车辆计划和路线规划、公交车站和设施管理、路线以及通信信号的维护管理、突发事件的迅速定位和事故分析、统计分析以及根据统计结果制定新的路径、交通规划和建模分析等。

(6)智能交通

智能交通是利用计算机技术和通信技术管理交通事务,以提高道路的通行能力,舒缓交通阻力,提高道路通行的安全系数,紧急事故的处理等。其中 GIS 在应用中起着至关重要的作用,它不仅能够通过图形的形式记述查询道路的通行状况,迅速定位事故点,抢修车辆的调度,以及提供交通疏散的方案等。主要应用领域有:交通信息管理与发布、交通在线、出行和交通管理、出行需求管理、公共交通运营管理、商用车辆运营管理、应急管理、先进的车辆控制和安全管理。

(7)公路管理

公路交通是最发达、使用最频繁的交通方式。在一些铁路、航空、水运无法到达的地方,公路运输显得尤为重要。交通管理部门在规划、设计、施工、维护、管理公路数据时,GIS 作为重要的工具除了能够通过图形的形式直观地反映公路交通网的状况、查询相关信息,以及制作精美的专题图外,更重要的是能够在日常管理业务中提供辅助决策的依据。

(8)公路设计、建设与维护

公路线路的走向布设受社会、人文、环境、地形等多方面因素的影响,将多种地理数据叠加分析显示为公路规划提供直接的分析依据。同时 GIS 本身所提供的最佳路径分析功能为公路规划提供一定的借鉴和参考材料。

在公路建设过程中,为关注公路建设过程,了解公路建设的状况和进度,可见公路线路进行地理动态分段,将施工里程数据在图上动态地显示完工的公路信息。在公路日常维护中,统计辖区内不同等级或不同类别公路的信息,报表输出、专题图制作等日常业务工作都离不开以地理信息为基础的 GIS 系统。

3)数据的共享与交换

为规范我省交通地理信息的使用和采集维护管理,促进交通地理信息共建共享与利用,建立交通地理信息长效维护机制,满足交通建设和行业管理需要,开展全省交通地理信息规范研究,通过对全省交通地理信息资源进行合理和科学的分类分层,建立全省交通地理信息资源采集、分类与编码、存储与管理、更新与维护、交换与共享方面的规范体系,为全省交通地理信息资源管理提供了统一的信息规范,实现交通地理信息资源在全省交通行业各级单位和部门的共享与有效应用。

2 标准结构

交通地理信息系统的有效运行离不开交通地理信息的支撑。目前,交通地理信息的分类、采集、数据库建设没有相应国家标准文件规范的支持,导致各部门、单位根据各自业务需求,进行数据采集和数据管理,形成所谓的“信息孤岛”,导致数据采集效率低下,形成重复投资,数据资源不能得到充分、有效的利用。通过制定广西城市交通地理信息标准,统一相关技术标准,对数据采集、管理进行约束,从而节约资源,实现数据共享,促进了资源的充分利用,此项目的有效实施必将推动广西交通行业的信息化水平,有力推动广西交通地理信息行业的发展。

《广西城市交通地理信息分类与代码》、《广西城市交通地理信息属性数据结构》、《广西城市交通地理信息数据分层及命名规则》、《广西城市交通地理信息数据组织与数据库命名规则》四项标准的核心是交通地理信息数据库,《广西城市交通地理信息分类与代码》规定了城市交通地理信息分类与代码,是地理信息要素应用的前提,《广西城市交通地理信息属性数据结构》规定了城市交通地理信息的属性数据结构,是数据应用分析与管理的关键,《广西城市交通地理信息数据分层及命名规则》规定了城市交通地理信息数据分层及命名规则,用于指引地理信息数据分层与地图显示,《广西城市交通地理信息数据组织与数据库命名规则》规定了城市交通地理信息数据组织与数据库命名规则,为数据库存储与管理提供了保障。

第二章 《城市交通地理信息分类与代码》条文解读

1 范围

本标准规定了城市交通地理信息分类与代码。

本标准适用于城市交通地理信息数据采集、整理、更新、管理、建库、共享与交换和产品开发。

【解读】

本条是关于标准适用的范围的规定。

目前,各级交通运输机构正在加速开展信息化平台的建设:交通监控系统、路网监测系统、出行服务系统、应急管理系统等信息化系统应运而生。有一个统一的现象是,这些系统的建设中所依赖的传统的静态地图已被逐渐淘汰,取而代之的是地理信息系统(GIS)技术的快速发展。随着我国交通运输的区域一体化趋势日趋明显,社会公众对跨地域、全过程信息服务的需求与交通运输行业属地化管理的矛盾凸显,从信息资源共享到交通行业"一张图"的新一轮信息化布局符合交通运输行业的发展态势。构建全新的基于地图的出行应用和流畅信息服务链,满足交通行业更高的管理需求,更好地推动交通运输各领域的综合信息化服务,采用交通地理信息系统等现代科技手段,将其应用于公路、水路、运输管理等领域,建设交通服务体系 GIS 共享平台,以实现更加智能化的地理信息服务。

地理信息系统(Geographic Information System,GIS)是现代地理学与空间信息科学相结合的产物。借助 GIS 可以对客观世界的各种要素进行管理、查询、可视化和分析、处理,以便人们进行科学决策。随着 GIS 的成熟应用,GIS 已发展成为跨行业通用的平台软件技术,广泛应用于各行业信息化。

在交通运输领域,GIS 作为基础支撑技术被广泛应用,公路、水路、运输等各部门都有自身的业务数据需要通过 GIS 来进行展现和管理。现有的地理信息共享平台多为测绘部门研究开发,为相关单位提供基础的地理信息服务。而交通运输领域针对地理信息平台有一定的专业要求,特别是在桩号定位、交通专题地图服务等方面需要设计针对交通的地理信息共享平台,为交通运输的各类业务应用系统提供基础的交通地理信息服务。交通地理信息共享平台建设是建立以交通地理空间信息为核心的交通信息服务与共享体系,通过整合信息资源形成统一的、标准的交通基础数据库,并通过一体化的数据管理、数据发布平台提供一站式交通地理信息服务,实现数据共享和信息服务,有效降低信息化成本,发挥交通地理信息资源的最大效益。

交通运输业务包含了公路、水路路网管理,道路运输管理,城市公交管理等多个方面,交通运输对地理信息的需求体现在以下几个方面：

1）交通路网规划

交通地理信息在公路水路建设规划、水路航运枢纽建设规划中发挥着重要作用。通过交通地理信息平台，可直观展现公路、水路路网分布，路网等级和密度，规划路网与已建成路网之间的连接关系。在地理信息平台上，还可结合人口、经济发展等指标对路网建设情况进行综合分析，以便科学制定路网规划。

2）交通运输日常管理

交通地理信息可为公路养护、航道管理、路网日常管理和监控，营运车辆（含客运、危险品货运、城市公交车、出租车）和船舶日常监控、公路路政、运政执法等交通运输日常管理业务提供可视化的管理。

（1）公路养护管理：在公路路网可视化平台基础上，结合公路养护业务流程，实现对公路路况信息采集、养护相关数据管理、养护日常业务管理、养护计划制定、养护资金预算与支付管理、养护工程管理以及提供养护评价、养护预测等决策支持。

（2）航道管理：通过可视化的交通地理信息平台，对重点水域及航道的通航环境、航道变迁、港航设施、水域污染等状态进行实时监测和安全预警，为水上人命救助、通航水域清障、船舶污染防治等提供信息支撑。

（3）路网日常管理和监控：通过可视化的交通地理信息平台，对公路重要路段、特大桥梁、长大隧道、港航设施等重点监控目标的运行状态进行监控监测，对于隐患点能够精确定位，保障路网的正常运行。

（4）营运车辆船舶管理：在交通地理信息平台上对营运车辆的实际位置进行跟踪，对车辆超速、超时驾驶进行安全监控、管理、调度，提供车辆异常聚集分析、营运线路规划；对船舶的运行状况进行监控，遏制船舶违章，对重点水域、船舶防撞及时预警，为快速搜救定位、船舶助航导航提供服务。

3）交通运输应急

交通运输应急管理主要包括公路安全、道路运输安全、水上交通安全应急管理。

（1）公路安全应急：在应急事件发生时，能通过地理信息平台，对事件发生地点进行定位，掌握事件周边路网基础设施和车辆运行情况，查看本辖区范围内公路应急资源的储备情况，制定有针对性的资源调配方案和应急处置方案。

（2）道路运输安全应急：针对由公路、水路交通突发事件以及自然灾害、社会突发公共事件所引起的道路运输突发事件，通过地理信息平台及时掌握周边运力资源、制定运力调配方案和赶往集结地的路线，完成物资运输或人员疏散任务，提供道路运输保障。

（3）水上交通安全应急：通过地理信息平台，对航道抢通、水路紧急运输、水上交通事故（含人命救助）和船舶水域污染事故进行定位，掌握事件周边水网基础设施和船舶运行情况，查看本辖区范围内水上应急救援基地、物资储备库和企业或社会力量储备的应急资源的分布情况，制定有针对性的资源调配方案和救助打捞、防污染处置方案。

4）服务社会公众需求

社会公众作为出行者需要便捷地获取公路路线、客运班线等公路出行基本信息和港航客运线路等水路出行信息。通过交通地理信息平台，交通运输部门可向社会公众提供直观的公路路网数据、道路阻断和施工占道的具体位置信息、突发事件发生地点和绕行方案等信息。这些信息与导航系统相结合,可为公众提供及时、准确的交通出行信息服务。

通过整合基础地理、公路及附属设施、客货运站场等多源异构空间地理信息资源,建成交通"一张图"的交通地理信息核心数据库,遵循相关标准,建立开放的共享地理信息数据库,主要分为基础地理数据库、交通专题地图数据库,面向交通各类应用系统提供数据和服务。

交通地理信息的分类与编码就是根据系统功能及国家规范和标准,将具有不同属性或特征的交通要素区别开的过程,以便从逻辑上将空间数据组织为不同的信息层,同时将数据分类的结果,用一种易于被计算机和人识别的符号系统表示的过程,编码的结果是形成代码。

交通地理信息的分类与编码操作是采集空间对象属性数据的前提,目的是为了科学准确地表达对象的属性数据以及方便实现对数据的管理、应用和信息共享。

2 规范性引用文件

下列文件对于本文件的应用是必不可少的。凡是注日期的引用文件,仅所注日期的版本适用于本文件。凡是不注日期的引用文件,其最新版本(包括所有的修改单)适用于本文件。

GB/T 13923—2006 基础地理信息要素分类与代码

【解读】

本条是关于规范性引用文件的说明。

《基础地理信息要素分类与代码》(GB/T 13923—2006)对于本标准是必不可少的。

3 术语和定义

3.1

城市交通　urban traffic

城市地域范围内(包括市区、郊区及乡村)道路(地面、地下、高架、水道、索道等)系统间的公众出行和客货输送。

【解读】

"城市交通"术语要明确两个方面的内容,一是城市的地域范围,二是交通的概念。

《城市规划基本术语标准》(GB/T 50280—98)对"城市交通(urban transportation)"的表述为:城市范围内采用各种运输方式运送人和货物的运输活动,以及行人的流动。对"城市对外交通(intercity transportation)"的表述为:城市与城市范围以外地区之间采用各种运输方式运送旅客和货物的运输活动。这两个概念实际上已经表明了城市内部交通和城市对外交通的差别。本标准描述城市交通的地域范围应包涵市域范围内的乡、镇、村。本标准明确定义城市交通不仅包含城市市区交通,而且包含城市市域范围以及城市市区、郊区及乡村的道路(地面、地下、高架、水道、索道等)系统间的公众出行和客货输送。

3.2

交通地理信息　traffic geographic information

在交通活动和交通管理工作中,直接或间接与空间位置相关信息的总称。

【解读】

交通信息是重点反映与交通有关现象的性质、特征和运动状态的知识,它揭示的是交通实体(人、车辆、交通路线、交通环境)的本质及其相互关系(公路交通、铁路交通、航空交通、水运交通、管道交通等),也是对各种交通数据的解释和理解。交通信息来源于各种交通调查、测量和统计数据,例如,从实地交通量的调查,可以获取该地区社会经济发展状况、人民生活水平、物产等感性信息;从测量数据中可以抽取出公路、铁路的形状、宽度、位量等信息;从图像数据中则可以识别路面破损、道路沿线的地质构造、土地利用等专题信息。

交通信息从表面看,具有管理信息的特征,即侧重于交通属性数据的分析与管理。以至于在很长时间内,相关交通部门开发的信息系统大多数是管理型的,如驾驶员管理系统、船舶管理系统、交通安全管理系统、路面养护系统、交通设施管理系统等,系统并未与交通网络的地域特征相联系,未能充分发挥系统应有的效益。实际上从本质看,交通信息属于空间信息一种,大量的交通属性数据可交给空间信息系统的属性数据库进行管理,而交通现象天然的地理特征可以使这些属性数据附着于空间数据之上,从而实现交通信息的可视化表达、分析与发布,使交通管理决策更具智能化。这也正是交通地理信息系统成为 ITS 基础平台的依据之一。

交通地理信息是指与交通运输相关的各种地理信息。它表述了各种交通网络的空间分布、运动在其上的人或物质的空间移动以及交通运输网络的管理,所以也属于人类交往的地域组织及其发展规律的地理信息范畴。交通地理信息不但要描述交通网络及设施的地理位置和属性,还要反映与之相关的交通运输信息和状态,因此交通地理信息包括两类基本信息:一是交通基础地理信息,一是交通运输和管理信息。

交通基础地理信总是指交通网络、附属设施等的位置和空间分布以及相关的属性,如一条公路的几何位置、名称、等级、路面结构等。

交通运输管理信息是指运动于交通网络上的人或物质的空间移动、调度、运输网络管理等信息,是定位于交通网络基础信息上交通网络属性信息的扩展。

交通地理信息来源于对交通信息描述的交通地理数据的解释和理解。交通地理数据具有如下几个特点:

(1)抽样性。交通现象在空间和时间上具有连续性,数字化的交通现象表达需要对其进行离散处理,即用有限的抽样数据来表示无限变化的现象。抽样点的选择不是随机的,需要考虑其代表性,基本原则是准确描述交通现象的整体特征和局部特征,例如,交通量调查地点和频率的选定、道路几何位置的描述等。

(2)概括性。交通地理数据的概括性一般是交通路线的化简综合和必要的取舍,是在抽样基础上进一步的数据综合。概括性并不是因为比例尺的限制,而取决于研究对象的范围、环境和任务要求。

（3）多态性。一般而言，空间数据的多态性包括两层含义，即同样对象在不同情况下的形态差异和不同对象占据同样的地理位置。交通地理数据中的多态性比比皆是，前者如不同比例尺中的道路、河流表达：道路和河流在现实中是具有一定宽度的面状对象，但在表达时，却将其抽象成单线或双线（取决于比例尺）；后者如同一位置上，道路面层、基层、底基层、路基具有不同的结构成分。

（4）空间性。空间性是交通地理数据最主要的特征，反映交通对象的位置、形态以及由此产生的系列特性。对于两条道路，如果将其看作是非空间数据，则可从等级、里程、结构等方面进行分析对比，而若考虑空间特征，则其关系就复杂了许多，如两公路的作用范围、最短距离等。交通对象的属性信息与位置是相关联的，不考虑空间性的空间分析就会失去意义。

3.3

基础地理信息　fundamental geographic information

反映地球表层水系、居民地及建筑设施、交通、管线、境界与政区、地貌、植被与土质等自然和人文要素的位置、形态和属性的基本信息，以及地名和地理空间参考信息。主要通过数字矢量地图数据（数字线划地图数据）、数字正射影像数据、数字高程模型数据、数字栅格地图数据等形式表现。

【解读】

本术语引自《基础地理信息城市数据库建设》（GB/T 21740—2008）。

基础地理数据是描述地表形态及其所附属的自然以及人文特征和属性的总称；是反映和描述地球表面测量控制点、水系数据、居民点及设施、交通、管线、境界与政区、地貌、植被与土质、地名、数字正射影像、地籍、地名等有关自然和社会要素的位置、形态和属性信息，是统一的空间定位框架和空间分析的基础。

基础地理数据根据要素分为12类：测量控制点、水系、居民点及设施、交通、管线、境界与政区、地貌、植被与土质、地名、数字正射影像、地籍测量和其他。其中除数字正射影像图外，一般为矢量数据结构；基础地理数据产品的主要形式有数字线划图（DLG）、数字正射影像图（DOM）、数字高程模型（DEM）和数字栅格图（DRG）。

3.4

交通公共地理信息　traffic public geographic information

多个业务部门共用的交通地理信息。如公共交通、城际交通、重点单位等。

【解读】

交通公共地理信息是多个业务部门共用的交通地理信息，是各种来源的交通专题数据。交通公共地理信息数据突出交通地理空间数据的某一种或几种专题要素，除了包括可见的、能测量的自然和社会经济现象外，还反映人们看不见和推算的各种专题现象；同时不仅显示专题内容的空间分布，也反映这些要素的特征以及它们之间的联系与发展。交通公共地理信息数据是面向交通多部门的主要内容，不仅包含空间定位信息，而且还包含大量的专题属性信息和统计信息。

3.5

交通业务专用地理信息 traffic professional geographic information

描述业务单位内部应用,反映业务管理特征的地理信息。如道路养护专用地理信息中的重点养护路段、养护设备等。

【解读】

交通业务涉及公路水运、道路、设施、交通行政、路政、高速公路、港口、航道、海事、车辆、执法等,涵盖相当广泛,交通业务专用地理信息描述的是业务单位内部应用,反映其业务管理特征的地理信息。

3.6

动态交通地理信息 dynamic traffic geographic information

反映交通活动动态变化的交通地理信息。如事故信息、道路异常、道路交通流等。

【解读】

动态交通地理信息反映交通活动动态变化的交通地理信息,是随着时间的变化而变化的。一般动态交通信息有:交通流信息如实时信息、短时预测信息和长时预测信息。事件信息如:交通事故、高速逆向行驶、道路施工(包括限速及施工距离)、道路关闭、危险警示。

4 分类原则与方法

4.1 分类原则

4.1.1 本标准信息内容以静态交通地理信息为主,动态交通地理信息为辅。其中,动态交通地理信息仅对道路指挥中常用的道路异常、特殊事件和道路交通流信息进行分类。

【解读】

根据表现形式,交通地理信息分为静态交通地理信息和动态交通地理信息两类。静态交通地理信息是交通系统中一段时间内稳定不变的信息,如道路网信息、交通管理设施、交通管理者等基础设施信息,也包括机动车保有量、交通量等统计信息。常见的城市基础地理信息(如路网分布、交叉口的布局、城市基础交通设施信息等)、城市道路网基础信息(如道路技术等级、长度、收费、立交连接方式等)、交通管理信息(如单向行驶、禁止左转、限制进入)等都属于静态交通信息。静态交通地理信息是公路管理、交通管理和 LBS(基于位置的服务)等的根本。

由于静态交通地理信息是相对稳定的,变化的频率较小,并没有变化规律。因此,静态交通地理信息不需要实时采集和经常更改,直到数据发生变化时才需要变动。

静态交通信息通常采用人工调查或仪器测量的方式获取。比如:城市基础地理信息、城市道路网基础信息等主要通过这些方式采集。为了减少不必要的重复性工作,并减少不同方式得到的数据的不一致性,可以通过与其他系统的对接方式,从其他系统获得相关的基础信息。因此,静态交通信息的主要采集方法有:

1)调查法

采用人工或测量仪器进行调查,可获取城市基础地理信息、城市道路网基础信息。

2)其他系统接入法

静态交通信息可从其他部门,如规划部门、城建部门、交通管理部门等获得。

通过调查获得这些基础信息后,一般采用一次性人工录入的方式存入静态交通信息数据库。只有当实际系统的数据发生变化时,才需要对静态交通信息数据库中的数据进行更新。

动态交通地理信息反映交通活动动态变化的交通地理信息,是随着时间的变化的,它是实时道路交通流信息、交通控制信息、实时交通环境信息等时空上相对变化的信息,对道路网络交通流量的动态平衡、个人导航服务动态诱导具有重要意义。

动态交通地理信息采集的方法一般是通过交通检测设备或交通检测器获取的。

本标准信息内容以静态交通地理信息为主,动态交通地理信息为辅。其中,动态交通地理信息仅对道路指挥中常用的道路异常、特殊事件和道路交通流信息进行分类。

4.1.2 将交通地理信息按照数据来源、数据内容、数据应用范围、数据更新维护分工特点划分为基础地理信息、交通公共地理信息、交通业务专用地理信息。

【解读】

基础地理信息是在科学的参照系(如地理坐标系)之下,按标准化的规则,运用测定、采集和表述等测绘方法,获取自然地理要素(地貌、水系、植被等)和地表人工设施(房屋、居民地、地名、境界等)的形状、大小、空间位置及其属性等数据,整合成的反映地表基本形态的地理数据集。基础地理信息的承载形式是多样化的,可以是各种类型的数据、卫星影像、航空影像、各种比例尺地形图,甚至声像资料等。

基础地理信息一般可从国家基础地理信息数据库或测绘单位数据库中获取。交通地理信息系统的基础地理信息只有在充分利用这些数据库的基础上,针对交通地理信息系统应用特点及服务目的进行交通相关信息的采集、重组和内容扩展,才是建立交通地理信息系统的最佳途径。

前文已述,交通公共地理信息是多个业务部门共用的交通地理信息,它突出交通地理空间数据的某一种或几种专题要素,除了包括可见的、能测量的自然和社会经济现象外,还反映人们看不见和推算的各种专题现象;同时不仅显示专题内容的空间分布,也反映这些要素的特征以及它们之间的联系与发展。交通公共地理信息数据是面向交通多部门的主要内容,不仅包含空间定位信息,而且还包含大量的专题属性信息和统计信息。

交通公共地理信息数据的空间定位信息一般是在基础地理信息底图的基础上进行测绘调查,专题属性信息数据的获取主要通过资料的收集分析、抽样调查。资料来源可通过交通运输部门、土地管理部门、测绘部门、建设部门、市政部门、公安交警管理部门来获取。对于一些动态交通数据,获取比较复杂,目前动态数据采集技术有 GPS 定位、视频检测技术、卫星图像、红外线或微波等。

业务专用地理信息是业务单位内部使用,反映其业务管理特征的地理信息。数据来源主要是业务单位内部。

交通地理信息按照数据来源、数据内容、数据应用范围、数据更新维护分工特点划分为基础地理信息、交通公共地理信息、交通业务专用地理信息。

4.1.3 交通业务专用地理信息中的部分业务管理涉及相应的交通公共地理信息，其关系界定为：

(1)交通公共地理信息描述多个交通业务部门关心的、具备地理实体特征的信息，其信息为该地理实体的基本信息；

(2)交通业务专用地理信息建立专用信息分类，其地理实体特征通过与交通公共地理信息的一个或多个分类信息关联进行提取，描述业务特征内容。

【解读】

交通公共地理信息是多个业务部门共用的交通地理信息，包括公共交通、城际交通、城市道路、交通设施、重点单位等与交通业务密切相关且为各单位所共同需要的一些公用性信息。它既可以是包含某一类公共的社会地理目标信息的图层(如体育场馆、党政机关等)，也可以是包含某一类公共的交通地理目标信息的图层(如交通业务管理单位等)，而业务专用地理信息仅与某一种交通业务密切相关，是一些具有特殊业务用途的信息。在交通地理信息系统中，交通公共地理信息与交通业务地理信息往往需要进行关联，以便于将各业务部门的 MIS 数据关联到电子地图上，生成业务 GIS 图层，此时，业务专用地理信息的地理实体特征通过与交通公共地理信息的一个或多个分类信息(如唯一 ID 号、名称等)关联进行提取，描述业务特征内容。

4.2 分类方法

4.2.1 采用线分类法对交通地理信息进行分类，将交通地理信息按门类、大类、中类和小类划分并构成交通地理信息分类体系。依据分类原则，将交通地理信息划分为基础地理信息、交通公共地理信息、交通业务专用地理信息三大门类，见图 2-2-1。

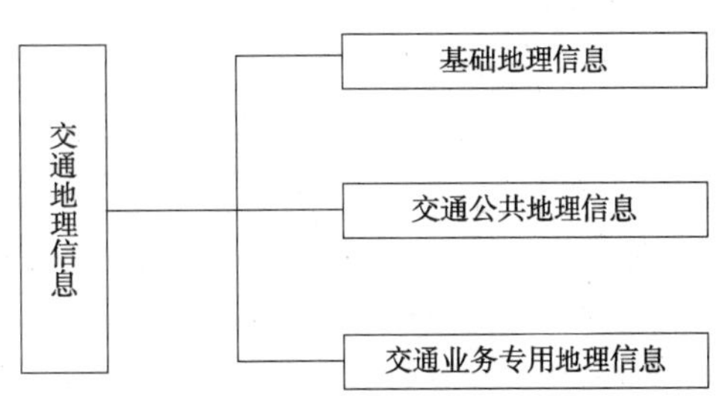

图 2-2-1 交通地理信息门类

【解读】

交通地理信息分类编码标准化是实现对城市交通地理信息进行有效管理和使用的保障。信息分类编码标准化包含信息分类与编码两个阶段。分类方法一般有两种，即线分类法与面分类法。线分类法是一种层级分类法，将数据逐次分成有层级的类目，类目之间构成并列和隶属关系，形成串、并联结合的树形结构。面分类法是根据分类对象各自的特征，分成互不相关的面，相互间没有从属关系，不同面不互相交叉、重复，且顺序固定。采用线分类法对交通地理信息进行分类，将交通地理信息按门类、大类、中类和小类划分并构成交通地理信息分类体系。

依据分类原则，将交通地理信息划分为基础地理信息、交通公共地理信息、交通业务专用地理信息三大门类，见图 2-2-2。

4.2.2 基础地理信息

基础地理信息采用 GB/T 13923—2006 中的分类方法，本标准的大类对应 GB/T 13923—2006 中的大类(见图 2-2-3)，中类对应其中类，小类对应其小类，不再划分子类。

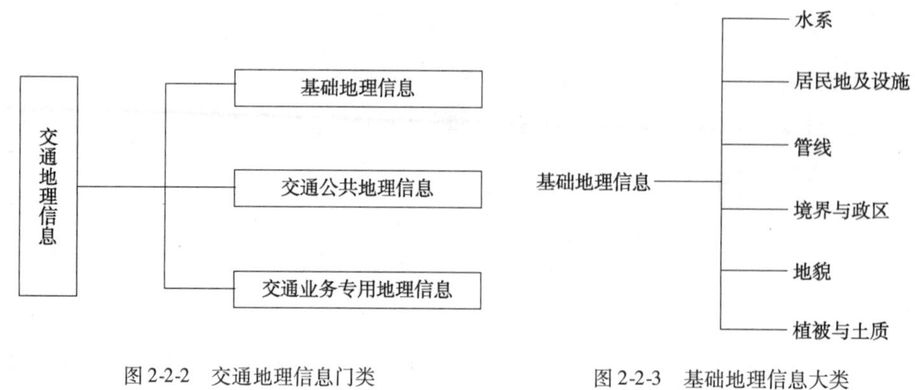

图 2-2-2　交通地理信息门类　　　　图 2-2-3　基础地理信息大类

【解读】

基础地理信息是指作为统一的空间定位框架和空间分析基础的地理信息，是地理信息管理的基础要素，所描述的地理要素包括水系、居民地及设施、交通、管线、境界与政区、地貌、植被与土质、地名以及空间定位基础等，是国家的信息资源中较为重要的组成的部分。各地理要素的内容及其所涉及的行业如下：

(1)定位基础包括数学基础、测量控制点。它是为了获取地物空间位置信息而人为进行定义的基础点位信息，对于国家测绘产业和空间科学界而言其意义重大。通过分析研究定位基础信息，可以发现这些信息是几乎不具有相应的社会属性，是精准的强科学性的地理信息，一般大众在日常生活中极少会关注这些信息。

(2)水系包括河流、水库、湖泊、沟渠、海洋要素、水利及附属设施、其他水系要素。涉及的学科和行业有水资源管理、水污染治理、应用水、水产养殖、水路运输等。

(3)居民地及设施包括居民地、农业及其设施、工矿及设施、名胜古迹、公共服务及其设施、科学观测站、宗教设施、其他建筑物及其设施。居民地及设施的各内容要素均与大众的生活和工作有着密切的联系，信息要素几乎涉及各个行业、产业，每一个场所都有其的空间位置信息和地名属性信息。人们对公共服务设施的相关信息如地理位置、名称、周边设施等尤为感兴趣，乐于搜索、了解附近的职能场所。名胜古迹是大众旅游的热点部门，是城市旅游、规划部门的关注区域，城市规划时应考虑名胜古迹旅游的季节性、对周边的辐射性等影响，以便于缓解因人员流动为当地带来的交通、住宿等压力。居民地这一地理信息具有其在社会和经济的属性上的复杂性，同时也是大众日常所关注的热点问题。国家相应的职能部门，对自己职能相关的信息格外关注，如国土部门对土地利用现状、土地利用分类等情况的关注。

(4)交通包括铁路、城市道路、城际道路、乡村道路、水运设施、道路构造物及附属设施、空运设施、航道、其他交通设施。交通是大众日常生活中不可或缺的一项内容，城市中的道路、交通管理、交通运行等在大众的日常生活的有很大的影响。城市中的交通职能相关的部门除了会关注城市道路的起止点、空间分布、路程、名称及代码等信息，也关注道路所属的管辖单位、路面状况、路面类型、等级等信息，普通大众则相对关注城市道路的路况信息、公交路线、站点位置等与自己出行相关的信息。

(5)管线包括通信线、输电线、城市管线、油气水主要输送管道。管线各要素主要是由国家部门和国家控股的企业来建设和管理的，对于各种管线的走向、空间位置分布、等级、节点位置等信息,是各个管理职能部门、供应行业所关注、负责的问题;大众只对管线的完好性、费用高低等影响自己生活的问题表示关注,而其他诸如管线的归属单位等信息关心较少。

(6)政区与境界包括国家行政区、省级、地级、县级、乡级行政区、其他区域。政区与境界是大众为了区分地域范围而人为产生的概念,概念本身具有一定的政治属性。相对于经纬度表达的空间位置,区划在城市各行业部门的应用更加广泛,也符合大众的习惯。

(7)地貌包括等高线、自然地貌、人工地貌、水域等值线、水下注记点、高程注记点。地貌是地质学等所研究的主要内容,对资源勘查、土地分布利用、城市规划等影响较大,城市管理部门和大众多关注地貌变化对生活的影响、地质变化可以带来的灾害等信息。

(8)植被与土质包括城市绿地、农林用地、土质。我国是人口、农业大国,而且土地的问题关系到整个的国民生计。植被与土质广泛地被国土资源、农业、城市绿化等行业部门的关注,城市部门着重于城市绿地占城市用地比例、空间分布等信息,以提高居民生活质量,保障城市环境质量。

国家标准《基础地理信息要素分类与代码》(GB/T 13923—2006)中对基础地理信息分类和代码有详细的规定,依据国标,基础地理信息要素包括:定位基础、水系、居民地及设施、交通、管线、境界与政区、地貌、植被与土质8类。

而《广西城市交通地理信息分类与代码》中交通基础地理信息采用GB/T 13923—2006中的分类方法,大类对应GB/T 13923—2006中的大类,中类对应其中类,小类对应其小类,不再划分子类,见图2-2-4。

该标准对《基础地理信息要素分类与代码》(GB/T 13923—2006)中的交通提取出来单独进行细化处理,综合处理到交通公共地理信息分类中,而数学基础、测量控制点这些定位基础,一般大众在日常生活中极少会关注这些信息,所以在大类中不考虑,同时对广西地区没有出现的地理要素,进行剔除。

4.2.3 交通公共地理信息分类

交通公共地理信息按照综合应用要求划分为七大类(见图2-2-5),每一大类又按其不同特点划分为中类和小类。

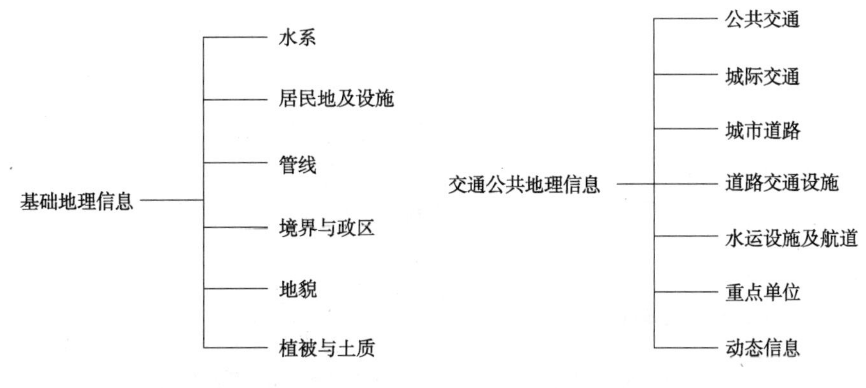

图2-2-4 交通基础地理信息大类　　图2-2-5 交通公共地理信息大类

【解读】

(1)公共交通:分为城市轨道交通、城市道路公共交通、城市水上公共交通、无障碍设施、服务设施。

《城市公共交通分类标准》(CJJ/T 114—2007)将城市公共交通按系统形式、载客工具类型、客运能力进行分类，采用的是大类、中类、小类三个层次，我们参考该标准的大类与中类，即沿用城市道路公共交通、城市轨道交通、城市水上公共交通、城市其他公共交通大类的叫法，同时参考其中类的分类方法，结合广西实际，该标准将城市轨道交通分为地铁线路、轻轨线路、有轨电车线路、无轨电车线路；将城市道路公共交通分为公共汽车线路、快速公交(BRT)线路、公交专用道、出租车服务站、停靠站；将城市水上公共交通分为水上公交线路、车渡。同时增加一类服务设施，主要包含地铁、城铁站、轻轨站、长途汽车站、有轨电车站、无轨电车站、公交站点、快速公交站点、公共自行车点、智能公交电子站牌、停车场、加油(气)站、充电站(桩)、公交场站、调度站、货运站、售票、售卡点、充值点。

(2)城际交通：分为铁路、城际公路、村道、空运设施、其他交通设施五类。

《基础地理信息要素分类与代码》(GB/T 13923—2006)中包含有交通这一大类，本标准提取该类，并进行细化。

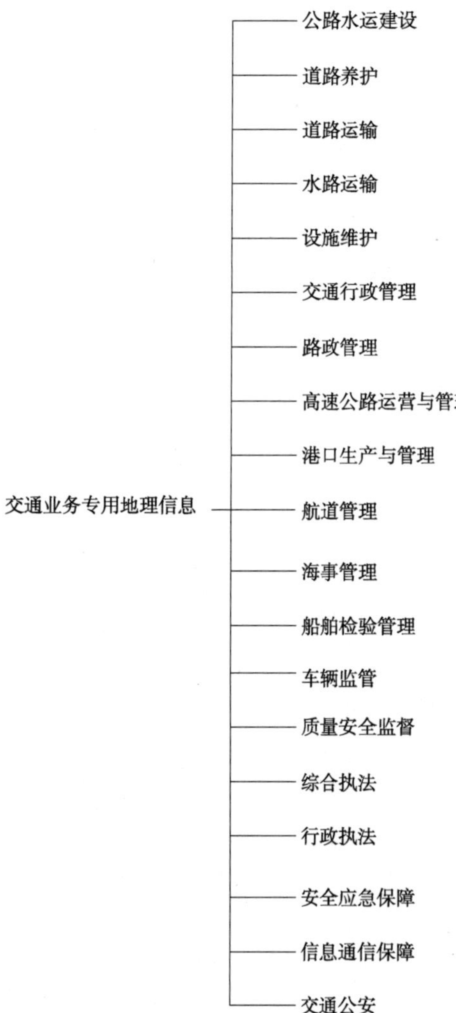

图 2-2-6　交通业务专用地理信息大类

4.2.4　交通业务专用地理信息分类

(1)交通业务专用地理信息内容宜包含以下内容：

交通业务部门的组织(机构)信息：指描述交通业务各单位的所在地、管辖范围、责任点、责任线路、责任区等可在地图上标注的信息。如行政执法的范围与辖区等；

——交通业务管理的人员(或对象)，如机动车驾驶员信息、车辆维修点等所在地信息；

——交通业务管理的事件(故)。如交通堵塞与道路异常发生地信息；

——交通业务管理的场所、线路和区域。如车辆监管重点防控区域的分布信息；

——交通业务管理的(或业务所需要的)物品。如反光材料、路障设施、执法车辆等管制物品的所在地及存放地信息；

——业务管理的机构(或设施)。如路政管理中的路政设施信息；

——业务工作方(预)案信息，包括交通疏导线路、疏导范围等。

(2)交通业务专用地理信息大类按照业务种类划分为19类，见图2-2-6。

(3)交通业务专用地理信息的大类按照业务管理特征划分为中类和小类，参见附录A和附录B。

【解读】

交通业务种类从公路、水运、道路运输、管理、执法、应急保障等方面划分为19项：公路水运建设、道路养护、道路运输、水路运输、设施维护、交通行政管理、路政管理、高速公路运营与管理、港口生产与管理、航道管理、海事管理、船舶检验管理、车辆监管、质量安全监督、综合执法、安全应急保障、信息通信保障、交通公安等。

5 编码方法

5.1 交通地理信息代码由1位大写英文字母和7位数字组成，其结构如图2-2-7所示：

第一位表示门类，用一位大写字母标识：A为基础地理信息，B为交通公共地理信息，C为交通业务专用地理信息；

第二、三位表示大类，用两位数字00～99表示；

第四、五位表示中类，用两位数字00～99表示；

第六至八位表示小类，用三位数字000～999表示。

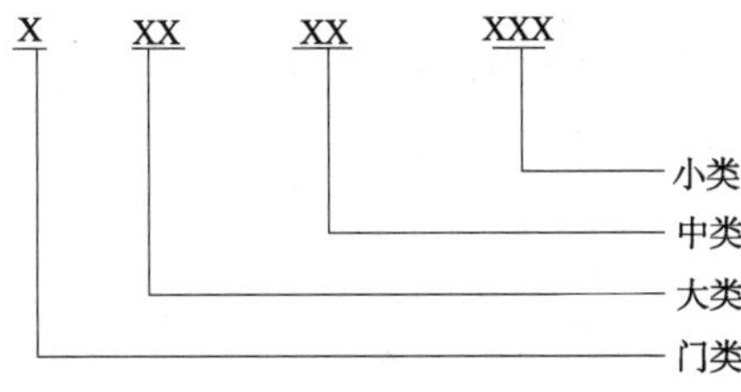

图2-2-7 交通地理信息编码结构

【解读】

交通地理数据编码是将交通地理信息数据分类的结果，用一种易于被计算机和人识别的符号系统表示的过程，编码的结果是形成代码。交通地理信息代码由1位大写英文字母和7位数字组成，第一位表示门类，用一位大写字母标识：A为基础地理信息，B为交通公共地理信息，C为交通业务专用地理信息，第二、三位表示大类，用两位数字00～99表示，第四、五位表示中类，用两位数字00～99表示，第六至八位表示小类，用三位数字000～999表示，利于数据的扩充。

5.2 基础地理信息代码参照GB/T 13923—2006进行编制，其中大类码由GB/T 13923—2006中的大类码前补0组成，中类码由GB/T 13923—2006中的中类码前补0组成，小类码采用GB/T 13923—2006中的小类码，不足三位前面补0。例如基础地理信息中的常年河，GB/T 13923—2006中的编码为210100，在该标准中编码为A0201001。基础地理信息代码与GB/T 13923—2006代码对照表见附录C。

【解读】

《基础地理信息要素分类与代码》(GB/T 13923—2006)对基础地理信息要素分类代码做了规定。基础地理信息分类代码采用6位十进制字码，分别为按数字顺序排列的大类、中类、小类和子类码，左起第一位为大类码，左起第二位为中类码，左起第三、四位为小类码，左起第五、六位为子类码。交通基础地理信息采用GB/T 13923—2006中的分类方法，大类对应GB/T 13923—2006中的大类，中类对应其中类，小类对应其小类，不再划分子类。大类码由GB/T 13923—2006中的大类码前补0组成，中类码由GB/T 13923—2006中的中类码前补0组成，小类码采用GB/T 13923—2006中的小类码，不足三位前面补0。

5.3 交通业务专用地理信息大类代码参照交通组织机构编制，其中类和小类由各业务部门自行确定。

【解读】

交通业务专用地理信息描述的是业务单位内部应用，反映业务管理特征的地理信息，在分类里已经根据交通业务范畴进行大类划分。由于各业务部门管理的内容各不相同，各业务单位侧重点也不相同，如道路养护专用地理信息中的重点养护路段、养护设备等。因此规定对各交通业务部门的专用地理信息不作中类和小类的划分，由各业务部门自行确定。在标准附录里提供了部分中类小类的分类与编码的示例。

5.4 需要在该标准基础上扩充新的交通地理信息时，原则上从本层代码最大值按递减方式进行扩充。

【解读】

本条规定了交通地理信息分类有扩充时分层代码的编码原则。

5.5 对于编码结构的6、7、8位，需要时可扩展位码，以便于在应用过程中分类增加后的便捷扩展。

【解读】

本条规定了交通地理信息分类要素中小类的编码结构的6、7、8位有扩充时的编码原则，如有需要可由3位扩充到4位。

5.6 交通地理信息扩充后，应在本标准归口单位备案。

【解读】

本条规定了交通地理信息分类及编码扩充后，在标准归口单位备案的要求。

第三章 《城市交通地理信息属性数据结构》条文解读

1 范围

本标准规定了城市交通地理信息的属性数据结构。

本标准适用于城市交通地理信息数据采集、整理、更新、管理、建库、共享与交换和产品开发。

【解读】

本条是关于标准适用的范围的规定。

属性数据是GIS数据的主要组成部分,对于交通行业管理与应用,属性数据往往更为关键。一般交通地理信息系统中,根据鼠标所指的空间位置,系统可查找出该位置的空间实体和空间范围以及它们的属性,并显示出该空间对象的属性列表,并可以进行有关统计分析。对城市交通地理信息属性数据结构进行规范,有利于数据采集、整理、更新、管理与数据库建设、有利于数据共享与交换。

2 规范性引用文件

下列文件对于本文件的应用是必不可少的。凡是注日期的引用文件,仅所注日期的版本适用于本文件。凡是不注日期的引用文件,其最新版本(包括所有的修改单)适用于本文件。

GB/T 920—2002　公路路面等级与面层类型代码
GB/T 2260—2007　中华人民共和国行政区划代码
GB/T 2659—2000　世界各国和地区名称代码(eqv ISO 3166 -1:1997)
GB/T 10302—2010　中华人民共和国铁路车站代码
GB/T 13923—2006　基础地理信息要素分类与代码
GA/T 380—2012　全国公安机关机构代码编制规则
DB45/T 1190—2015　城市交通地理信息分类与代码

【解读】

本条是关于规范性引用文件的说明。如下规范文件在本标准中会引用到:《公路路面等级与面层类型代码》(GB/T 920—2002)、《中华人民共和国行政区划代码》(GB/T 2260—2007)、《世界各国和地区名称代码》(GB/T 2659—2000)、《中华人民共和国铁路车站代码》(GB/T 10302—2010)、《基础地理信息要素分类与代码》(GB/T 13923—2006)、《全国公安机关机构代码编制规则》(GA/T 380—2012)、《城市交通地理信息分类与代码》(DB45/T 1190—2015)。

3 术语和定义

下列术语和定义适用于本标准。

属性数据 attribute data

描述地理实体特征的数据,如类型、名称、性质等。

【解读】

本条是关于属性数据的说明。

地理信息来源于地理系统。著名数学家钱学森曾指出:地理系统是一个开放的复杂巨系统。将地理系统中复杂的地理现象进行抽象得到的地理对象称为地理实体或空间实体、空间目标,简称实体(Entity)。实际生活中,河流、房屋、铁路、道路、政区、境界都可称为地理实体。属性数据是GIS数据的主要组成部分,在GIS系统中,某一属性表达的是要素的重要信息,在绘制要素及地理信息表达以及信息管理中起着重要的作用。

4 属性数据项的分类

按照地理实体的自然属性、社会属性将地理实体的属性数据项分为基本属性数据项、扩展属性数据项、业务专用属性数据项。

4.1 基本属性数据项

指描述地理实体标识特征、几何特征的属性数据项,如地理实体的标识码、线状地理实体的长度等。

4.2 扩展属性数据项

指描述地理实体类别特征、说明信息、关系特征的属性数据项,如地理实体的分类代码、名称、类型等。扩展数据项在第7章中做了规定。

4.3 交通业务专用属性数据项

指描述地理实体与业务管理关联特征、业务管理特征的属性数据项,通常指特定业务部门为了便于管理对象而赋予对象的用于标识其业务特征的数据项。

【解读】

本条是对属性数据项进一步详细的分类。按照地理实体的自然属性、社会属性将地理实体的属性数据项分为基本属性数据项、扩展属性数据项、业务专用属性数据项。基本属性数据项描述的是地理实体表示特征、几何特征,比如河流的标识码、河流的几何特征。扩展属性数据项描述地理实体类别特征、说明信息、关系特征,如常流河的分类代码、名称、类型等属性。交通业务专用属性数据项描述的是地理实体与业务管理特征、业务管理特征，通常是特定业务部门为了便于管理对象而赋予对象的用于标识其业务特征的数据项。

5 属性数据项内容

5.1 基本属性数据项内容

5.1.1 标识码：用于标识图层内地理实体的编码；

5.1.2 几何特征的属性数据项

1）面状地理实体的面积：记录系统计算的面积；

2）线状地理实体的长度：记录系统计算的长度；

3）地理实体的周长：记录系统计算的长度。

基本属性数据项为较固定，地理信息系统软件都缺省支持，本标准不再描述。

【解读】

本条是基本属性数据项的说明。标识码用于表示图层编码，几何特征属性数据项是表述几何特征信息，在 GIS 软件里，标识码由系统自动产生，几何特征属性根据地理实体的真实特征自动记录，比如点状要素用 Point 表示，线状要素用 Polyline 表示，面状要素用 Polygon 表示，如图 2-3-1，

OBJECTID *	Shape *	Shape.STLength()
1	Polyline	15322.365281
2	Polyline	15167.544248
3	Polyline	7490.7769
4	Polyline	7534.832444
5	Polyline	9617.033308
6	Polyline	9633.103235
7	Polyline	10899.888008
8	Polyline	15514.357565

图 2-3-1 基本属性数据项

5.2 扩展属性数据项内容

5.2.1 分类特征的属性数据项

1）分类代码：根据 DB45/T 1190—2015 城市交通地理信息分类与代码确定的此地理实体所属的类别代码；

2）国标代码：国家或行业标准中存在的地理实体相关类别代码。

5.2.2 说明信息的属性数据项

1）名称：本地理实体的汉语名称，一般应以国家有关部门认定的名称为准；

2）类型：本地理实体的性质说明，一般应以国家有关部门认定的类型为准；

3）所属交通分区：本地理实体所在的交通管理分区名称。

5.2.3 关联特征的属性数据项

1）空间拓扑描述，用来标识本地理实体的空间拓扑结构所必需的扩展数据项。例如，描述道路网路的结点信息等；

2)更新时间:用来标识本地理实体的更新日期。

【解读】

本条是对扩展属性项内容的进一步说明。

在地理信息系统中,根据具体要求需要描述实体各个侧面如名称、位置、形状和获取这些信息的方法、时间和质量等,记录实体的这些描述内容的空间数据具有三个基本特征:空间特征、属性特征和时间特征,根据反映实体特征的不同,空间数据可分为不同的类型:几何数据、关系数据、属性数据和元数据,而不同类型的空间数据在计算机中是以不同的空间数据结构存储的。

通常需要从如下方面对地理实体进行描述:

(1)编码:用于区别不同的实体,有时同一个实体在不同的时间具有不同的编码,如上行和下行的火车。编码通常包括分类码和识别码。分类码标识实体所属的类别,识别码对每个实体进行标识,是唯一的,用于区别不同的实体。

(2)位置:通常用坐标值的形式(或其他方式)给出实体的空间位置。

(3)类型:指明该地理实体属于哪一种实体类型,或由哪些实体类型组成。

(4)行为:指明该地理实体可以具有哪些行为和功能。

(5)属性:指明该地理实体所对应的非空间信息,如道路的宽度、路面质量、车流量、交通规则等。

(6)说明:用于说明实体数据的来源、质量等相关的信息。

(7)关系:与其他实体的关系信息。

5.3 交通业务专用属性数据项内容

5.3.1 地理关联的属性数据项

1)地理信息关联唯一标识码:业务专用数据和地理信息关联的唯一标识码;

2)关联业务专用数据项目:业务专用数据项中作为关键字的一个或多个数据项,可唯一区分每个业务专用数据。

5.3.2 交通业务特征的属性数据项

为交通业务专用部门的管理信息,其确定、编排、精度等由各业务专用部门制定。

【解读】

本条是关于交通业务专用属性的数据项内容的说明。地理关联属性数据项包括两项,一项用于业务专用数据和地理信息关联的唯一标识码,一项用于唯一区分每个业务专用数据。交通业务特征属性数据项为交通业务部门专用的管理信息,其属性项的确定、编排、精度等要求由各业务专用部门制定。

6 属性数据项字段名称的命名原则

6.1 命名方法

采用汉语拼音首字母组合法进行属性数据项字段名称的命名,即字段名称由属性数据项名称的每个汉字拼音的第一个字母组合而成，如果名称有重复，将之后出现的属性数据项中的最后一个汉字改为全拼，如果再有重复，再将倒数第二个汉字改为全拼，以此类推，直至没有重复为止。例如“站点名称”的字段名称为“ZDMC”，后面还有“终点名称”，则其字段名称为“ZDMCHENG”。

【解读】

本条是对属性数据项字段名称命名方法的说明。数据库表里属性字段名称一般采用汉语拼音首字母组合法进行属性数据项字段名称的命名，既方便记忆，又有利于通过字面理解。对名称有重复的情况下，字段命名方法也做出了规定。

6.2 命名约束

——字段名称规定为不超过 10 个字符。

——对国家或行业标准中已定义的字段名称要以其为准。

【解读】

本条是关于属性项命名要求的约束的说明。对字段名称规定不超过 10 个字符，一是为了数据库建设操作的方便性，同时也为了防止数据库字段过长，在某些地理信息软件中出现的数据库不兼容性问题。在 ArcGIS 软件中，GIS 通用格式 *.shp 转换过程中，数据字段超过 10 个字符后，会出现字符丢失的现象。

同时规定对于国家或行业标准中对已定义字段的名称，要以标准规定为准。

7 交通地理信息属性结构扩展数据项

7.1 基础地理信息属性结构扩展数据项

7.1.1 点、线、面状水系（表 2-3-1）

点、线、面状水系 表 2-3-1

属性数据项	字段名称	字段类型	字段长度	是否必选项	说明
分类代码	FLDM	字符型	8	是	应符合城市交通地理信息分类与代码的要求
国标代码	GBDM	字符型	5	是	应符合 GB/T 13923—2006 的要求
名称	MC	字符型	50	是	
类型	LX	字符型	4	否	0701 池塘 0702 水库 0703 江河 0704 湖泊 0705 海域 0709 其他水域
更新时间	GXSJ	日期型	8	是	YYYY - MM - DD

【解读】

本条是对点、线、面状水系属性数据项的规定说明。其中分类代码、国标代码、名称及更新时间为必填项，水系类型依据 GB/T 13923—2006 的要求填写池塘、水库、江河、湖泊、海域、其他水域等。

7.1.2 水系标注(表 2-3-2)

水系标注 表 2-3-2

属性数据项	字段名称	字段类型	字段长度	是否必选项	说明
分类代码	FLDM	字符型	8	是	应符合城市交通地理信息分类与代码的要求
更新时间	GXSJ	日期型	8	是	YYYY－MM－DD

【解读】

本条是对水系标注数据项的规定说明。其中分类代码、更新时间为必填项。

7.1.3 居民地标注(表 2-3-3)

居民地标注 表 2-3-3

属性数据项	字段名称	字段类型	字段长度	是否必选项	说明
分类代码	FLDM	字符型	8	是	应符合城市交通地理信息分类与代码的要求
更新时间	GXSJ	日期型	8	是	YYYY－MM－DD

【解读】

本条是对居民地标注数据项的规定说明。其中分类代码、更新时间为必填项。

7.1.4 居民地(表 2-3-4)

居民地 表 2-3-4

属性数据项	字段名称	字段类型	字段长度	是否必选项	说明
分类代码	FLDM	字符型	8	是	应符合城市交通地理信息分类与代码的要求
国标代码	GBDM	字符型	5	是	应符合 GB/T 13923—2006 的要求
名称	MC	字符型	50		
更新时间	GXSJ	日期型	8	是	YYYY－MM－DD

【解读】

本条是对居民地数据项的规定说明。其中分类代码、名称、更新时间为必填项。

7.1.5 建筑物(表 2-3-5)

建筑物 表 2-3-5

属性数据项	字段名称	字段类型	字段长度	是否必选项	说明
分类代码	FLDM	字符型	8	是	应符合城市交通地理信息分类与代码的要求

续上表

属性数据项	字段名称	字段类型	字段长度	是否必选项	说　明
国标代码	GBDM	字符型	5	是	应符合 GB/T 13923—2006 的要求
名称	MC	字符型	50	是	
类型	LX	字符型	50	是	2401 高层楼房 2402 普通楼房 2403 平房 2404 简易房 2405 农宅 2406 别墅 2407 涉外公寓 2409 其他住宅
层数	CS	字符型	4	否	
更新时间	GXSJ	日期型	8	是	YYYY－MM－DD

【解读】

本条是对建筑物属性数据项的规定说明。其中分类代码、国标代码、名称及更新时间为必填项,建筑物类型依据 GB/T 13923—2006 的要求填写高层楼房、普通楼房、平房、简易房、农宅、别墅、涉外公寓、其他住宅等。

7.1.6　管线(表 2-3-6)

管　　线　　表 2-3-6

属性数据项	字段名称	字段类型	字段长度	是否必选项	说　明
分类代码	FLDM	字符型	8	是	应符合城市交通地理信息分类与代码的要求
国标代码	GBDM	字符型	5	是	应符合 GB/T 13923—2006 的要求
名称	MC	字符型	50	是	
类型	LX	字符型	4	是	电力、自来水、电信、燃气、污水等
权属单位	QSDW	字符型	50	是	
更新时间	GXSJ	日期型	8	是	YYYY－MM－DD

【解读】

本条是对管线属性数据项的规定说明。其中分类代码、国标代码、名称、类型、权属单位及更新时间为必填项,类型为电力、自来水、电信、燃气、污水等。

7.1.7　省、市、县、区、乡镇、街道界(表 2-3-7)

省、市、县、区、乡镇、街道界　　表 2-3-7

属性数据项	字段名称	字段类型	字段长度	是否必选项	说　明
分类代码	FLDM	字符型	8	是	应符合城市交通地理信息分类与代码的要求
国标代码	GBDM	字符型	5	是	应符合 GB/T 13923—2006 的要求

续上表

属性数据项	字段名称	字段类型	字段长度	是否必选项	说　明
名称	MC	字符型	50	是	
行政区代码	XZQDM	字符型	6	是	应符合 GB/T 2260—2007 的要求
更新时间	GXSJ	日期型	8	是	YYYY - MM - DD

【解读】

本条是对省市县区乡镇、街道界属性数据项的规定说明。其中分类代码、国标代码、名称、行政特区代码及更新时间为必填项，行政区代码满足 GB/T 2260—2007 中华人民共和国行政区划代码的要求。

7.1.8　省、市、县、区、乡镇、街道界线（表 2-3-8）

省、市、县、区、乡镇、街道界线　　表 2-3-8

属性数据项	字段名称	字段类型	字段长度	是否必选项	说　明
分类代码	FLDM	字符型	8	是	应符合城市交通地理信息分类与代码的要求
国标代码	GBDM	字符型	5	是	应符合 GB/T 13923—2006 的要求
名称	MC	字符型	50	是	
左行政区代码	ZXZQDM	字符型	6	是	应符合 GB/T 2260—2007 的要求
右行政区代码	YXZQDM	字符型	6	是	应符合 GB/T 2260—2007 的要求
更新时间	GXSJ	日期型	8	是	YYYY - MM - DD

【解读】

本条是对省市县区乡镇、街道界线属性数据项的规定说明。其中分类代码、国标代码、名称、左行政特区代码、右行政区代码及更新时间为必填项，行政区代码满足 GB/T 2260—2007 中华人民共和国行政区划代码的要求。

7.1.9　等高线、高程点（表 2-3-9）

等 高 线、高 程 点　　表 2-3-9

属性数据项	字段名称	字段类型	字段长度	是否必选项	说　明
分类代码	FLDM	字符型	8	是	应符合城市交通地理信息分类与代码的要求
国标代码	GBDM	字符型	5	是	应符合 GB/T 13923—2006 的要求
高程	GC	数值型	18,5	是	
更新时间	GXSJ	日期型	8	是	YYYY - MM - DD

【解读】

本条是对登高线、高程点属性数据项的规定说明。其中分类代码、国标代码、高程及更新时间为必填项。

7.1.10 点、线状地貌(表2-3-10)

点、线状地貌　表2-3-10

属性数据项	字段名称	字段类型	字段长度	是否必选项	说　明
分类代码	FLDM	字符型	8	是	应符合城市交通地理信息分类与代码的要求
国标代码	GBDM	字符型	5	是	应符合GB/T 13923—2006的要求
名称	MC	字符型	50	是	
更新时间	GXSJ	日期型	8	是	YYYY - MM - DD

【解读】

本条是对点、线状地貌属性数据项的规定说明。其中分类代码、国标代码、名称及更新时间为必填项。

7.1.11 点、线、面状植被(表2-3-11)

点、线、面状植被　表2-3-11

属性数据项	字段名称	字段类型	字段长度	是否必选项	说　明
分类代码	FLDM	字符型	8	是	应符合城市交通地理信息分类与代码的要求
国标代码	GBDM	字符型	5	是	应符合GB/T 13923—2006的要求
名称	MC	字符型	50	是	
更新时间	GXSJ	日期型	8	是	YYYY - MM - DD

【解读】

本条是对点、线、面状植被属性数据项的规定说明。其中分类代码、国标代码、名称及更新时间为必填项。

7.2 交通公共地理信息属性结构扩展数据项

7.2.1 地铁、轻轨线路(表2-3-12)

地铁、轻轨线路　表2-3-12

属性数据项	字段名称	字段类型	字段长度	是否必选项	说　明
分类代码	FLDM	字符型	8	是	应符合城市交通地理信息分类与代码的要求
国标代码	GBDM	字符型	5	是	应符合GB/T 13923—2006的要求
名称	MC	字符型	50	是	
线路名称	XLMC	字符型	50	是	
起点名称	QDMC	字符型	50	是	
终点名称	ZDMC	字符型	50	是	

续上表

属性数据项	字段名称	字段类型	字段长度	是否必选项	说　明
全长	QC	数值型	18,5	是	
站数	ZS	数值型	8	是	
换乘站数	HCZS	数值型	8	是	
控制中心	KZZX	字符型	50	是	
车辆段	CLD	字符型	50	是	
停车场	TCC	字符型	50	是	
变电站	BDZ	字符型	50	是	
车型	CX	字符型	50	是	
车辆编组	CLBZ	字符型	50	是	
公交换乘站点	GJHCZD	字符型	50	是	
轨道交通换乘站点	GDJTHCZD	字符型	50	是	
出租汽车换乘站点	CZQCHCZD	字符型	50	是	
公共自行车换乘站点	GGZXCHCZD	字符型	50	是	
首班车时间	SBCSJ	时间型	6	是	HHMMSS
末班车时间	MBCSJ	时间型	6	是	HHMMSS
票价	PJ	货币型	6	是	
票制	PZ	字符型	50	是	一票制、分段
运营单位	YYDW	字符型	50	是	
更新时间	GXSJ	日期型	8	是	YYYY－MM－DD

【解读】

本条是对地铁、轻轨线路属性数据项的规定说明。属性项中除了常见的线路名称、起终点、票制、票价等属性信息，对换乘站数、控制中心、车辆段、停车场、变电站、车型、车辆编组、公交、轨道交通、出租车、公共自行车等换乘方式做了规定。

7.2.2　地铁、城铁、轻轨站点(表 2-3-13)

地铁、城铁、轻轨站点　　表 2-3-13

属性数据项	字段名称	字段类型	字段长度	是否必选项	说　明
分类代码	FLDM	字符型	8	是	应符合城市交通地理信息分类与代码的要求
国标代码	GBDM	字符型	5	是	应符合 GB/T 13923—2006 的要求
名称	MC	字符型	50	是	
所在路段	SZLD	字符型	50	是	
线路名称	XLMC	字符型	50	是	

续上表

属性数据项	字段名称	字段类型	字段长度	是否必选项	说　明
线路序号	XLXH	数值型	8	是	
出入口	CRK	字符型	50	是	
轨道交通换乘线路	GDJTHCXL	字符型	50	是	
运营单位	YYDW	字符型	50	是	
更新时间	GXSJ	日期型	8	是	YYYY－MM－DD

【解读】

本条是对地铁、城铁、轻轨站点属性数据项的规定说明。属性项中对站点所在路段、线路序号、出入口、轨道交通换乘线路及运营单位做了规定。

7.2.3 电车线路(表 2-3-14)

电车线路　　表 2-3-14

属性数据项	字段名称	字段类型	字段长度	是否必选项	说　明
分类代码	FLDM	字符型	8	是	应符合城市交通地理信息分类与代码的要求
国标代码	GBDM	字符型	5	是	应符合 GB/T 13923—2006 的要求
名称	MC	字符型	50	是	
线路名称	XLMC	字符型	50	是	
起点名称	QDMC	字符型	50	是	
终点名称	ZDMC	字符型	50	是	
全长	QC	数值型	18,5	是	
站数	ZS	数值型	8	是	
公交换乘站点	GJHCZD	字符型	50	是	
轨道交通换乘站点	GDJTHCZD	字符型	50	是	
出租汽车换乘站点	CZQCHCZD	字符型	50	是	
公共自行车换乘站点	GGZXCHCZD	字符型	50	是	
首班车时间	SBCSJ	时间型	6	是	HHMMSS
末班车时间	MBCSJ	时间型	6	是	HHMMSS
票价	PJ	货币型	6	是	
票制	PZ	字符型	50	是	一票制、分段
运营单位	YYDW	字符型	50	是	
更新时间	GXSJ	日期型	8	是	YYYY－MM－DD

【解读】

本条是对电车线路属性数据项的规定说明。属性项中除了常见的线路名称、起终点、票制、票价等属性信息,对公交、轨道交通、出租车、公共自行车等换乘点做了规定。

7.2.4 电车站点(表 2-3-15)

电车站点　表 2-3-15

属性数据项	字段名称	字段类型	字段长度	是否必选项	说明
分类代码	FLDM	字符型	8	是	应符合城市交通地理信息分类与代码的要求
国标代码	GBDM	字符型	5	是	应符合 GB/T 13923—2006 的要求
名称	MC	字符型	50	是	
所在路段	SZLD	字符型	50	是	
线路名称	XLMC	字符型	50	是	
线路序号	XLXH	数值型	8	是	
运营单位	YYDW	字符型	50	是	
更新时间	GXSJ	日期型	8	是	YYYY - MM - DD

【解读】

本条是对电车站点属性数据项的规定说明。属性项中对站点所在路段、线路序号、出入口、轨道交通换乘线路及运营单位做了规定。

7.2.5 公共汽车、快速公交(BRT)线路(表 2-3-16)

公共汽车、快速公交(BRT)线路　表 2-3-16

属性数据项	字段名称	字段类型	字段长度	是否必选项	说明
分类代码	FLDM	字符型	8	是	应符合城市交通地理信息分类与代码的要求
国标代码	GBDM	字符型	5	是	应符合 GB/T 13923—2006 的要求
名称	MC	字符型	50	是	
线路名称	XLMC	字符型	50	是	
起点名称	QDMC	字符型	50	是	
终点名称	ZDMC	字符型	50	是	
全长	QC	数值型	18,5	是	
站数	ZS	数值型	8	是	
公交换乘站点	GJHCZD	字符型	50	是	
轨道交通换乘站点	GDJTHCZD	字符型	50	是	
出租汽车换乘站点	CZQCHCZD	字符型	50	是	

续上表

属性数据项	字段名称	字段类型	字段长度	是否必选项	说　明
公共自行车换乘站点	GGZXCHCZD	字符型	50	是	
首班车时间	SBCSJ	时间型	6	是	HHMMSS
末班车时间	MBCSJ	时间型	6	是	HHMMSS
票价	PJ	货币型	6	是	
票制	PZ	字符型	50	是	一票制、分段
运营单位	YYDW	字符型	50	是	
更新时间	GXSJ	日期型	8	是	YYYY - MM - DD

【解读】

本条是对公共汽车、快速公交(BRT)线路属性数据项的规定说明。属性项中除了常见的线路名称、起终点、票制、票价等属性信息,对公交、轨道交通、出租车、公共自行车等换乘点做了规定。

7.2.6　公共汽车站、快速公交站点(表 2-3-17)

公共汽车站、快速公交站点　　表 2-3-17

属性数据项	字段名称	字段类型	字段长度	是否必选项	说　明
分类代码	FLDM	字符型	8	是	应符合城市交通地理信息分类与代码的要求
国标代码	GBDM	字符型	5	是	应符合 GB/T 13923—2006 的要求
名称	MC	字符型	50	是	
线路名称	XLMC	字符型	50	是	
线路序号	XLXH	数值型	8	是	
所在路段	SZLD	字符型	50	是	
类型	LX	字符型	50	是	港湾、平直
候车亭	HCT	布尔型	2	是	是、否
电子站牌	DZZP	布尔型	2	是	是、否
轨道交通换乘线路	GDJTHCXL	字符型	50	是	
运营单位	YYDW	字符型	50	是	
更新时间	GXSJ	日期型	8	是	YYYY - MM - DD

【解读】

本条是对公共汽车站、快速公交站点属性数据项的规定说明。属性项中对站点所在路段、线路序号、站点类型,候车亭类型,是否有电子站牌、轨道交通换乘线路及运营单位做了规定。

7.2.7 长途汽车站(表 2-3-18)

长途汽车站 表 2-3-18

属性数据项	字段名称	字段类型	字段长度	是否必选项	说明
分类代码	FLDM	字符型	8	是	应符合城市交通地理信息分类与代码的要求
国标代码	GBDM	字符型	5	是	应符合 GB/T 13923—2006 的要求
名称	MC	字符型	50	是	
地址	DZ	字符型	50	是	
客运站等级	KYZDJ	字符型	50	是	
公交换乘线路	GJHCXL	字符型	50	是	
轨道交通换乘线路	GDJTHCXL	字符型	50	是	
出租汽车换乘站点	CZQCHCZD	字符型	50	是	
运营单位	YYDW	字符型	50	是	
更新时间	GXSJ	日期型	8	是	YYYY－MM－DD

【解读】

本条是对长途汽车站属性数据项的规定说明。属性项中包括长途汽车站名称、站点地址描述,汽车站客运等级,公交、出租车、轨道交通换乘线路及运营单位等进行了规定。

7.2.8 公共自行车点(表 2-3-19)

公共自行车点 表 2-3-19

属性数据项	字段名称	字段类型	字段长度	是否必选项	说明
分类代码	FLDM	字符型	8	是	应符合城市交通地理信息分类与代码的要求
国标代码	GBDM	字符型	5	是	应符合 GB/T 13923—2006 的要求
名称	MC	字符型	50	是	
地址	DZ	字符型	50	是	
公交换乘线路	GJHCXL	字符型	50	是	
轨道交通换乘线路	GDJTHCXL	字符型	50	是	
票价	PJ	货币型	6	是	
票制	PZ	字符型	50	是	一票制、分段
运营单位	YYDW	字符型	50	是	
更新时间	GXSJ	日期型	8	是	YYYY－MM－DD

【解读】

本条是对公共自行车点属性数据项的规定说明。属性项中对站点名称、站点地址描述,汽车站客运等级,公交、出租车、轨道交通换乘线路及运营单位等做了规定。

7.2.9 智能公交电子站牌(表 2-3-20)

智能公交电子站牌 表 2-3-20

属性数据项	字段名称	字段类型	字段长度	是否必选项	说明
分类代码	FLDM	字符型	8	是	应符合城市交通地理信息分类与代码的要求
国标代码	GBDM	字符型	5	是	应符合 GB/T 13923—2006 的要求
名称	MC	字符型	50	是	
地址	DZ	字符型	50	是	
线路名称	XLMC	字符型	50	是	
线路序号	XLXH	数值型	8	是	
公交换乘线路	GJHCXL	字符型	50	是	
轨道交通换乘线路	GDJTHCXL	字符型	50	是	
运营单位	YYDW	字符型	50	是	
更新时间	GXSJ	日期型	8	是	YYYY - MM - DD

【解读】

本条是对智能公交电子站牌属性数据项的规定说明。属性项中对站点名称、站点地址描述,公交、轨道交通换乘线路及运营单位等做了规定。

7.2.10 停车场(表 2-3-21)

停 车 场 表 2-3-21

属性数据项	字段名称	字段类型	字段长度	是否必选项	说明
分类代码	FLDM	字符型	8	是	应符合城市交通地理信息分类与代码的要求
国标代码	GBDM	字符型	5	是	应符合 GB/T 13923—2006 的要求
名称	MC	字符型	50	是	
地址	DZ	字符型	50	是	
类型	LX	字符型	50	是	社会公共、私人
所属单位	SSDW	字符型	50	是	
车位数	CWS	数值型	8	否	
更新时间	GXSJ	日期型	8	是	YYYY - MM - DD

【解读】

本条是对停车场点属性数据项的规定说明。属性项中对站点名称、站点地址描述,停车场类型,所属单位、车位数等做了规定。

7.2.11 加油(气)站(表 2-3-22)

加 油 (气) 站　　表 2-3-22

属性数据项	字段名称	字段类型	字段长度	是否必选项	说 明
分类代码	FLDM	字符型	8	是	应符合城市交通地理信息分类与代码的要求
国标代码	GBDM	字符型	5	是	应符合 GB/T 13923—2006 的要求
名称	MC	字符型	50	是	
地址	DZ	字符型	50	是	
所属单位	SSDW	字符型	50	是	
更新时间	GXSJ	日期型	8	是	YYYY - MM - DD

【解读】

本条是对加油(气)站点属性数据项的规定说明。属性项中对站点名称、站点地址描述，所属单位等做了规定。

7.2.12 充电站(桩)(表 2-3-23)

充 电 站 (桩)　　表 2-3-23

属性数据项	字段名称	字段类型	字段长度	是否必选项	说 明
分类代码	FLDM	字符型	8	是	应符合城市交通地理信息分类与代码的要求
国标代码	GBDM	字符型	5	是	应符合 GB/T 13923—2006 的要求
名称	MC	字符型	50	是	
地址	DZ	字符型	50	是	
运营单位	YYDW	字符型	50	是	
更新时间	GXSJ	日期型	8	是	YYYY - MM - DD

【解读】

本条是对充电站(桩)属性数据项的规定说明。属性项中对站点名称、站点地址描述,运营单位、更新时间等做了规定。

7.2.13 公交场站(表 2-3-24)

公 交 场 站　　表 2-3-24

属性数据项	字段名称	字段类型	字段长度	是否必选项	说 明
分类代码	FLDM	字符型	8	是	应符合城市交通地理信息分类与代码的要求
国标代码	GBDM	字符型	5	是	应符合 GB/T 13923—2006 的要求
名称	MC	字符型	50	是	
地址	DZ	字符型	50	是	
占地面积	ZDMJ	数值型	10	是	

续上表

属性数据项	字段名称	字段类型	字段长度	是否必选项	说　明
公交换乘线路	GJHCXL	字符型	50	是	
轨道交通换乘线路	GDJTHCXL	字符型	50	是	
所属单位	SSDW	字符型	50	是	
更新时间	GXSJ	日期型	8	是	YYYY - MM - DD

【解读】

本条是对公交场站属性数据项的规定说明。属性项中对站点名称、站点地址描述，占地面积、公交、轨道换乘线路、所属单位、更新时间等做了规定。

7.2.14　货运站（表 2-3-25）

货　运　站　　表 2-3-25

属性数据项	字段名称	字段类型	字段长度	是否必选项	说　明
分类代码	FLDM	字符型	8	是	应符合城市交通地理信息分类与代码的要求
国标代码	GBDM	字符型	5	是	应符合 GB/T 13923—2006 的要求
名称	MC	字符型	50	是	
地址	DZ	字符型	50	是	
所属单位	SSDW	字符型	50	是	
更新时间	GXSJ	日期型	8	是	YYYY - MM - DD

【解读】

本条是对货运站属性数据项的规定说明。属性项中对站点名称、站点地址描述，所属单位、更新时间等做了规定。

7.2.15　售票、售卡点、充值点（表 2-3-26）

售票、售卡点、充值点　　表 2-3-26

属性数据项	字段名称	字段类型	字段长度	是否必选项	说　明
分类代码	FLDM	字符型	8	是	应符合城市交通地理信息分类与代码的要求
国标代码	GBDM	字符型	5	是	应符合 GB/T 13923—2006 的要求
名称	MC	字符型	50	是	
地址	DZ	字符型	50	是	
运营单位	YYDW	字符型	50	是	
更新时间	GXSJ	日期型	8	是	YYYY - MM - DD

【解读】

本条是对售票、售卡、充值点属性数据项的规定说明。属性项中对站点名称、站点地址描述，运营单位、更新时间等做了规定。

7.2.16 铁路（表 2-3-27）

铁　路　　表 2-3-27

属性数据项	字段名称	字段类型	字段长度	是否必选项	说　明
分类代码	FLDM	字符型	8	是	应符合城市交通地理信息分类与代码的要求
国标代码	GBDM	字符型	5	是	应符合 GB/T 13923—2006 的要求
名称	MC	字符型	50	是	
起点站	QDZ	字符型	50	否	
终点站	ZDZ	字符型	50	否	
类型	LX	字符型	20	否	
等级	DJ	字符型	50	是	
运营单位	YYDW	字符型	50	是	
更新时间	GXSJ	日期型	8	是	YYYY - MM - DD

【解读】

本条是对铁路属性数据项的规定说明。属性项中对起终点站名称、站点类型、等级、运营单位、更新时间等做了规定。

7.2.17 火车站、高铁站点（表 2-3-28）

火车站、高铁站点　　表 2-3-28

属性数据项	字段名称	字段类型	字段长度	是否必选项	说　明
分类代码	FLDM	字符型	8	是	应符合城市交通地理信息分类与代码的要求
国标代码	GBDM	字符型	5	是	应符合 GB/T 13923—2006 的要求
名称	MC	字符型	50	是	应符合 GB/T 10302—2010 的要求
地址	DZ	字符型	50	是	
站名代码	ZMDM	字符型	50	否	应符合 GB/T 10302—2010 的要求
铁路名称	TLMC	字符型	50	否	
公交换乘线路	GJHCXL	字符型	50	是	
轨道交通换乘线路	GDJTHCXL	字符型	50	是	
出租汽车换乘站点	CZQCHCZD	字符型	50	是	
运营单位	YYDW	字符型	50	是	
更新时间	GXSJ	日期型	8	是	YYYY - MM - DD

【解读】

本条是对火车站、高铁站点属性数据项的规定说明。属性项中对站点名称、站点地址描述，铁路名称、公交、出租车、轨道换乘线路、所属单位、更新时间等做了规定。

7.2.18 公路(表 2-3-29)

公 路 表 2-3-29

属性数据项	字段名称	字段类型	字段长度	是否必选项	说 明
分类代码	FLDM	字符型	8	是	应符合城市交通地理信息分类与代码的要求
国标代码	GBDM	字符型	5	是	应符合 GB/T 13923—2006 的要求
名称	MC	字符型	50	是	
代号	DH	字符型	4	否	公路全国分类代码如 107 国道其代号为 G107
起点	QD	字符型	50	否	
终点	ZD	字符型	50	否	
公路里程	GLLC	数值型	18,5	否	
路面宽度	LMKD	数值型	18,5	否	
路面类型	LMLX	字符型	4	否	应符合 GB/T 920—2002 的要求
技术等级	JSDJ	字符型	4	否	高速公路、一级公路、二级公路、三级公路等
管理等级	GLDJ	字符型	4	否	省道、国道等
更新时间	GXSJ	日期型	8	是	YYYY - MM - DD

【解读】

本条是对公路属性数据项的规定说明。属性项中对站点名称、分类代号、起终站点、公路里程、路面宽度、路面类型、技术等级、管理等级、更新时间等做了规定。虽然只规定了分类代码、国标代码、名称与更新时间为必填项，在资料收集齐全的情况下，要尽可能地将其他属性数据项填写完整。

7.2.19 公路车站(表 2-3-30)

公 路 车 站 表 2-3-30

属性数据项	字段名称	字段类型	字段长度	是否必选项	说 明
分类代码	FLDM	字符型	8	是	应符合城市交通地理信息分类与代码的要求
国标代码	GBDM	字符型	5	是	应符合 GB/T 13923—2006 的要求
名称	MC	字符型	50	是	
地址	DZ	字符型	50	是	
公路名称	GLMC	字符型	50	否	
更新时间	GXSJ	日期型	8	是	YYYY - MM - DD

【解读】

本条是对公路车站属性数据项的规定说明。属性项中对站点名称、站点地址描述，公路名称、更新时间等做了规定。

7.2.20 收费站、服务区(表 2-3-31)

收 费 站、服 务 区　　表 2-3-31

属性数据项	字段名称	字段类型	字段长度	是否必选项	说　明
分类代码	FLDM	字符型	8	是	应符合城市交通地理信息分类与代码的要求
国标代码	GBDM	字符型	5	是	应符合 GB/T 13923—2006 的要求
名称	MC	字符型	50	是	
地址	DZ	字符型	50	是	
运营单位	YYDW	字符型	50	是	
更新时间	GXSJ	日期型	8	是	YYYY - MM - DD

【解读】

本条是对收费站、服务区属性数据项的规定说明。属性项中对站点名称、站点地址描述,运营单位、更新时间等进行了规定。

7.2.21 公路网(表 2-3-32)

公　路　网　　表 2-3-32

属性数据项	字段名称	字段类型	字段长度	是否必选项	说　明
分类代码	FLDM	字符型	8	是	应符合城市交通地理信息分类与代码的要求
国标代码	GBDM	字符型	5	是	应符合 GB/T 13923—2006 的要求
名称	MC	字符型	50	是	
代号	DH	字符型	4	否	公路全国分类代码如 107 国道其代号为 G107
路段编号	LDBH	数值型	8	是	
起点编号	QDBH	数值型	8	是	
终点编号	ZDBH	数值型	8	是	
公路里程	GLLC	数值型	18,5	否	
路面宽度	LMKD	数值型	18,5	否	
路面类型	LMLX	字符型	4	否	应符合 GB/T 920—2002 的要求
技术等级	JSDJ	字符型	4	否	高速公路、一级、二级等
管理等级	GLDJ	字符型	4	否	省道、国道等
更新时间	GXSJ	日期型	8	是	YYYY - MM - DD

【解读】

本条是对公路网属性数据项的规定说明。属性项中对公路名称、分类代号、路段编号、起终站点编号、公路里程、路面宽度、路面类型、技术等级、管理等级、更新时间等做了规定。

虽然只规定了分类代码、国标代码、名称、起终点编号、更新时间为必填项，在资料收集齐全的情况下，要尽可能地将其他属性数据项填写完整。

7.2.22 机场（表 2-3-33）

机 场

表 2-3-33

属性数据项	字段名称	字段类型	字段长度	是否必选项	说 明
分类代码	FLDM	字符型	8	是	应符合城市交通地理信息分类与代码的要求
国标代码	GBDM	字符型	5	是	应符合 GB/T 13923—2006 的要求
名称	MC	字符型	50	是	
地址	DZ	字符型	50	是	
等级	DJ	字符型	50	是	干线、支线等
长途汽车换乘站点	CTQCHCZD	字符型	50	是	
公交或巴士换乘线路	GJHCXL	字符型	50	是	
轨道交通换乘线路	GDJTHCXL	字符型	50	是	
出租汽车换乘站点	CZQCHCZD	字符型	50	是	
运营单位	YYDW	字符型	50	是	
更新时间	GXSJ	日期型	8	是	YYYY－MM－DD

【解读】

本条是对机场属性数据项的规定说明。属性项中对站点名称、站点地址描述，等级、公交、出租车、轨道换乘线路、运营单位、更新时间等进行了规定。

7.2.23 城市道路中心线（表 2-3-34）

城市道路中心线

表 2-3-34

属性数据项	字段名称	字段类型	字段长度	是否必选项	说 明
分类代码	FLDM	字符型	8	是	应符合城市交通地理信息分类与代码的要求
国标代码	GBDM	字符型	5	是	应符合 GB/T 13923—2006 的要求
名称	MC	字符型	50	是	
起点	QD	字符型	50	否	
终点	ZD	字符型	50	否	
路面宽度	LMKD	数值型	18,5	否	
路面类型	LMLX	字符型	4	否	应符合 GB/T 920—2002 的要求
更新时间	GXSJ	日期型	8	是	YYYY－MM－DD

【解读】

本条是对城市道路中心线属性数据项的规定说明。城市道路中心线主要用于空间分析与快速展示，属性项中对站点名称、站点地址描述，起终点、路面宽度、路面类型、更新时间等做了规定。在资料收集齐全的情况下，要尽可能地将属性数据项填写完整。

7.2.24 城市道路面（表 2-3-35）

城市道路面　　表 2-3-35

属性数据项	字段名称	字段类型	字段长度	是否必选项	说　明
分类代码	FLDM	字符型	8	是	应符合城市交通地理信息分类与代码的要求
名称	MC	字符型	50	是	
更新时间	GXSJ	日期型	8	是	YYYY－MM－DD

【解读】

本条是对城市道路面属性数据项的规定说明。城市道路面主要用于地理底图配图与快速展示，属性项中只对道路名称、更新时间等做了规定。

7.2.25 城市快速路（表 2-3-36）

城市快速路　　表 2-3-36

属性数据项	字段名称	字段类型	字段长度	是否必选项	说　明
分类代码	FLDM	字符型	8	是	应符合城市交通地理信息分类与代码的要求
国标代码	GBDM	字符型	5	是	应符合 GB/T 13923—2006 的要求
名称	MC	字符型	50	是	
起点	QD	字符型	50	否	
终点	ZD	字符型	50	否	
路面宽度	LMKD	数值型	18,5	否	
路面类型	LMLX	字符型	4	否	应符合 GB/T 920—2002 的要求
更新时间	GXSJ	日期型	8	是	YYYY－MM－DD

【解读】

本条是对城市快速属性数据项的规定说明。属性项中对站点名称、站点地址描述，起终点、路面宽度、路面类型、更新时间等做了规定。在资料收集齐全的情况下，要尽可能地将属性数据项填写完整。

7.2.26 城市快速路出入口（表 2-3-27）

城市快速路出入口　　表 2-3-37

属性数据项	字段名称	字段类型	字段长度	是否必选项	说　明
分类代码	FLDM	字符型	8	是	应符合城市交通地理信息分类与代码的要求

续上表

属性数据项	字段名称	字段类型	字段长度	是否必选项	说　明
名称	MC	字符型	50	是	
更新时间	GXSJ	日期型	8	是	YYYY－MM－DD

【解读】

本条是对城市快速路出入口属性数据项的规定说明。城市快速路出入口主要用于地理底图配图与快速展示，属性项中只对道路名称、更新时间等做了规定。

7.2.27　高架路(桥)(表2-3-38)

高 架 路(桥)　　表2-3-38

属性数据项	字段名称	字段类型	字段长度	是否必选项	说　明
分类代码	FLDM	字符型	8	是	应符合城市交通地理信息分类与代码的要求
国标代码	GBDM	字符型	5	是	应符合GB/T 13923—2006的要求
名称	MC	字符型	50	是	
起点	QD	字符型	50	否	
终点	ZD	字符型	50	否	
路面宽度	LMKD	数值型	18,5	否	
路面类型	LMLX	字符型	4	否	应符合GB/T 920—2002的要求
更新时间	GXSJ	日期型	8	是	YYYY－MM－DD

【解读】

本条是对城市快速属性数据项的规定说明。属性项中对站点名称、站点地址描述，起终点、路面宽度、路面类型、更新时间等进行了规定。在资料收集齐全的情况下，要尽可能地将属性数据项填写完整。

7.2.28　道路网(表2-3-39)

道　路　网　　表2-3-39

属性数据项	字段名称	字段类型	字段长度	是否必选项	说　明
分类代码	FLDM	字符型	8	是	应符合城市交通地理信息分类与代码的要求
国标代码	GBDM	字符型	5	是	应符合GB/T 13923—2006的要求
名称	MC	字符型	50	是	
代号	DH	字符型	4	是	
路段编号	LDBH	数值型	8	是	
起点编号	QDBH	数值型	8	是	
终点编号	ZDBH	数值型	8	是	
路面宽度	LMKD	数值型	18,5	是	

续上表

属性数据项	字段名称	字段类型	字段长度	是否必选项	说　明
路面类型	LMLX	字符型	4	是	
限行方式	XXFS	字符型	30	否	
限行原因	XXYY	字符型	30	否	
限行车型	XXCX	字符型	30	否	
限行起始时间	XXQSSJ	时间型	8	否	
限行终止时间	XXZZSJ	时间型	8	否	
更新时间	GXSJ	日期型	8	是	YYYY－MM－DD

【解读】

本条是对城市道路网属性数据项的规定说明。城市道路网主要用于空间分析、交通流分析等,属性项中对站点名称、路段编号、起终点、路面宽度、路面类型、限行方式、限行原因、限行车型、限行起始时间、限行终止时间、更新时间等做了规定。在资料收集齐全的情况下,要尽可能地将属性数据项填写完整。对限行方式、原因、时间等的规定主要是为了用于交通流分析。

7.2.29　环岛(表 2-3-40)

环　　岛　　表 2-3-40

属性数据项	字段名称	字段类型	字段长度	是否必选项	说　明
分类代码	FLDM	字符型	8	是	应符合城市交通地理信息分类与代码的要求
名称	MC	字符型	50	是	
更新时间	GXSJ	日期型	8	是	YYYY－MM－DD

【解读】

本条是对环岛属性数据项的规定说明。环岛主要用于地理底图配图与快速展示,属性项中只对道路名称、更新时间等做了规定。

7.2.30　立交桥(表 2-3-41)

立　交　桥　　表 2-3-41

属性数据项	字段名称	字段类型	字段长度	是否必选项	说　明
分类代码	FLDM	字符型	8	是	应符合城市交通地理信息分类与代码的要求
名称	MC	字符型	50	是	
限高	XG	数值	18,5	是	
更新时间	GXSJ	日期型	8	是	YYYY－MM－DD

【解读】

本条是对立交桥属性数据项的规定说明。属性项中对道路名称、限高、更新时间等进行了规定。对立交桥来讲,限高是一个很重要的指标参数。

7.2.31 交通枢纽站(表2-3-42)

交通枢纽站 表2-3-42

属性数据项	字段名称	字段类型	字段长度	是否必选项	说明
分类代码	FLDM	字符型	8	是	应符合城市交通地理信息分类与代码的要求
名称	MC	字符型	50	是	
地址	DZ	字符型	50	是	
长途汽车换乘站点	CTQCHCZD	字符型	50	是	
公交换乘线路	GJHCXL	字符型	50	是	
轨道交通换乘线路	GDJTHCXL	字符型	50	是	
出租汽车换乘站点	CZQCHCZD	字符型	50	是	
公共自行车换乘站点	GGZXCHCZD	字符型	50	是	
更新时间	GXSJ	日期型	8	是	YYYY－MM－DD

【解读】

本条是对交通枢纽站属性数据项的规定说明。属性项中对站点名称、站点地址描述，长途汽车、公交、出租车、轨道、公共自行车换乘站点、更新时间等做了规定。

7.2.32 过街天桥、地下人行通道、隧道(表2-3-43)

过街天桥、地下人行通道、隧道 表2-3-43

属性数据项	字段名称	字段类型	字段长度	是否必选项	说明
分类代码	FLDM	字符型	8	是	应符合城市交通地理信息分类与代码的要求
名称	MC	字符型	50	是	
地址	DZ	字符型	50	是	
限高	XG	数值	18,5	是	
类型	LX	字符型	50	是	特长、长、中
管养单位	GYDW	字符型	50	是	
更新时间	GXSJ	日期型	8	是	YYYY－MM－DD

【解读】

本条是对过街天桥、地下人行通道、隧道属性数据项的规定说明。属性项中对道路名称、地址描述、限高、类型、管养单位、更新时间等做了规定。

7.2.33 桥梁(表 2-3-44)

桥　　梁　　表 2-3-44

属性数据项	字段名称	字段类型	字段长度	是否必选项	说　明
分类代码	FLDM	字符型	8	是	应符合城市交通地理信息分类与代码的要求
名称	MC	字符型	50	是	
地址	DZ	字符型	50	是	
限高	XG	数值	18,5	是	
类型	LX	字符型	50	是	特大、大、中、小
管养单位	GYDW	字符型	50	是	
更新时间	GXSJ	日期型	8	是	YYYY－MM－DD

【解读】

本条是对桥梁属性数据项的规定说明。属性项中对道路名称、地址描述、限高、类型、管养单位、更新时间等做了规定。

7.2.34 构造物及附属设施(表 2-3-45)

构造物及附属设施　　表 2-3-45

属性数据项	字段名称	字段类型	字段长度	是否必选项	说　明
分类代码	FLDM	字符型	8	是	应符合城市交通地理信息分类与代码的要求
联系人	LXR	字符型	50	是	
联系电话	LXDH	字符型	20	是	
所属单位	SSDW	字符型	50	是	
更新时间	GXSJ	日期型	8	是	YYYY－MM－DD

【解读】

本条是对构造物及附属设施属性数据项的规定说明。属性项中对联系人、联系电话、所属单位、更新时间等做了规定。

7.2.35 交通安全标识(表 2-3-46)

交 通 安 全 标 识　　表 2-3-46

属性数据项	字段名称	字段类型	字段长度	是否必选项	说　明
分类代码	FLDM	字符型	8	是	应符合城市交通地理信息分类与代码的要求
联系人	LXR	字符型	50	是	
联系电话	LXDH	字符型	20	是	
所属单位	SSDW	字符型	50	是	
更新时间	GXSJ	日期型	8	是	YYYY－MM－DD

【解读】

本条是对交通安全标识属性数据项的规定说明。属性项中对联系人、联系电话、所属单位、更新时间等做了规定。

7.2.36 交通工程(表2-3-47)

交通工程　　表2-3-47

属性数据项	字段名称	字段类型	字段长度	是否必选项	说明
分类代码	FLDM	字符型	8	是	应符合城市交通地理信息分类与代码的要求
联系人	LXR	字符型	50	是	
联系电话	LXDH	字符型	20	是	
所属单位	SSDW	字符型	50	是	
更新时间	GXSJ	日期型	8	是	YYYY-MM-DD

【解读】

本条是对交通工程属性数据项的规定说明。属性项中对联系人、联系电话、所属单位、更新时间等做了规定。

7.2.37 交通指挥(表2-3-48)

交通指挥　　表2-3-48

属性数据项	字段名称	字段类型	字段长度	是否必选项	说明
分类代码	FLDM	字符型	8	是	应符合城市交通地理信息分类与代码的要求
联系人	LXR	字符型	50	是	
联系电话	LXDH	字符型	20	是	
所属单位	SSDW	字符型	50	是	
更新时间	GXSJ	日期型	8	是	YYYY-MM-DD

【解读】

本条是对交通指挥属性数据项的规定说明。属性项中对联系人、联系电话、所属单位、更新时间等做了规定。

7.2.38 船码头(表2-3-49)

船码头　　表2-3-49

属性数据项	字段名称	字段类型	字段长度	是否必选项	说明
分类代码	FLDM	字符型	8	是	应符合城市交通地理信息分类与代码的要求
国标代码	GBDM	字符型	5	是	应符合GB/T 13923—2006的要求
名称	MC	字符型	50	是	
类型	LX	字符型	50	是	
地址	DZ	字符型	50	是	
泊位	BW	数值型	8	是	
靠泊能力	KBNL	数值型	8	是	
更新时间	GXSJ	日期型	8	是	YYYY-MM-DD

【解读】

本条是对船码头属性数据项的规定说明。属性项中对船码头名称、类型、地址描述、泊位、靠泊能力、更新时间等做了规定。

7.2.39 防波堤(表2-3-50)

防　波　堤　　表2-3-50

属性数据项	字段名称	字段类型	字段长度	是否必选项	说　明
分类代码	FLDM	字符型	8	是	应符合城市交通地理信息分类与代码的要求
国标代码	GBDM	字符型	5	是	应符合 GB/T 13923—2006 的要求
实际长度	SJCD	数值型	8	是	
更新时间	GXSJ	日期型	8	是	YYYY－MM－DD

【解读】

本条是对防波堤属性数据项的规定说明。属性项中对防波堤实际长度、更新时间等做了规定。

7.2.40 锚地(表2-3-51)

锚　地　　表2-3-51

属性数据项	字段名称	字段类型	字段长度	是否必选项	说　明
分类代码	FLDM	字符型	8	是	应符合城市交通地理信息分类与代码的要求
名称	MC	字符型	50	是	
位置	WZ	字符型	50	是	
实际面积	SJMJ	数值型	8	是	
水深	SS	数值型	8	是	
类型	LX	字符型	50	是	
系泊能力	XBNL	数值型	8	是	
更新时间	GXSJ	日期型	8	是	YYYY－MM－DD

【解读】

本条是对锚地属性数据项的规定说明。属性项中对锚地名称、类型、位置描述、实际面积、水深、类型、泊位、靠泊能力、更新时间等做了规定。

7.2.41 港口(表2-3-52)

港　口　　表2-3-52

属性数据项	字段名称	字段类型	字段长度	是否必选项	说　明
分类代码	FLDM	字符型	8	是	应符合城市交通地理信息分类与代码的要求
名称	MC	字符型	50	是	
位置	WZ	数值型	8	是	

续上表

属性数据项	字段名称	字段类型	字段长度	是否必选项	说　明
开放时间	KFSJ	日期型	8	是	
泊位	BW	数值型	8	是	
仓容	CR	数值型	8	是	
类型	LX	字符型	50	是	
吞吐能力	TTNL	数值型	8	是	
堆场面积	DCMJ	数值型	8	是	
更新时间	GXSJ	日期型	8	是	YYYY - MM - DD

【解读】

本条是对港口属性数据项的规定说明。属性项中对港口名称、类型、位置描述、实际面积、水深、类型、泊位、靠泊能力、更新时间等做了规定。

7.2.42　航道(表 2-3-53)

航　道　　表 2-3-53

属性数据项	字段名称	字段类型	字段长度	是否必选项	说　明
分类代码	FLDM	字符型	8	是	应符合城市交通地理信息分类与代码的要求
国标代码	GBDM	字符型	5	是	应符合 GB/T 13923—2006 的要求
名称	MC	字符型	50	是	
航道起点	HDQD	字符型	50	是	
航道终点	HDZD	字符型	50	是	
类别	LB	字符型	50	是	
通航等级	THDL	字符型	50	是	
航道长度	HDCD	数值型	8	是	
航道宽度	HDKD	数值型	8	是	
航道水深	HDSS	数值型	8	是	
通航能力	THNL	数值型	8	是	
更新时间	GXSJ	日期型	8	是	YYYY - MM - DD

【解读】

本条是对航道属性数据项的规定说明。属性项中对航道名称、类型、航道起终点、航道类别、航道等级、航道长度、航道宽度、航道水深、航道能力、更新时间等做了规定。

7.2.43　重点单位(表 2-3-54)

重 点 单 位　　表 2-3-54

属性数据项	字段名称	字段类型	字段长度	是否必选项	说　明
分类代码	FLDM	字符型	8	是	应符合城市交通地理信息分类与代码的要求

续上表

属性数据项	字段名称	字段类型	字段长度	是否必选项	说　明
组织机构代码	ZZJGDM	字符型	20	否	
名称	MC	字符型	50	是	
地址	DZ	字符型	50	是	
联系人	LXR	字符型	50	否	
联系电话	LXDH	字符型	20	否	
上级主管单位	SJZGDW	字符型	50	否	
更新时间	GXSJ	日期型	8	是	YYYY－MM－DD

【解读】

本条是对重点单位属性数据项的规定说明。属性项中对组织机构代码、重点单位名称、地址描述、联系人、联系电话、上级主管单位、更新时间等做了规定。在资料收集齐全的情况下，要尽可能地将属性数据项填写完整。

7.2.44　党政机关、人民团体与民主党派、基层群众自治组织、驻地机构、公安机关(表2-3-55)

党政机关、人民团体与民主党派、基层群众自治组织、驻地机构、公安机关　　表2-3-55

属性数据项	字段名称	字段类型	字段长度	是否必选项	说　明
分类代码	FLDM	字符型	8	是	应符合城市交通地理信息分类与代码的要求
组织机构代码	ZZJGDM	字符型	20	否	
名称	MC	字符型	50	是	
地址	DZ	字符型	50	是	
联系人	LXR	字符型	50	否	
联系电话	LXDH	字符型	20	否	
上级主管单位	SJZGDW	字符型	50	否	
更新时间	GXSJ	日期型	8	是	YYYY－MM－DD

【解读】

本条是对党政机关、人民团体与民主党派、基层群众自治组织、驻地机构、公安机关属性数据项的规定说明。属性项中对组织机构代码、重点单位名称、地址描述、联系人、联系电话、上级主管单位、更新时间等做了规定。在资料收集齐全的情况下，要尽可能地将属性数据项填写完整。

7.2.45　企事业单位(表2-3-56)

企 事 业 单 位　　表2-3-56

属性数据项	字段名称	字段类型	字段长度	是否必选项	说　明
分类代码	FLDM	字符型	8	是	应符合城市交通地理信息分类与代码的要求
组织机构代码	ZZJGDM	字符型	20	否	

续上表

属性数据项	字段名称	字段类型	字段长度	是否必选项	说　明
名称	MC	字符型	50	是	
地址	DZ	字符型	50	是	
经营范围	JYFW	字符型	50	否	
企业性质	QYXZ	字符型	50	否	
注册资金	ZCZJ	字符型	50	否	
法定代表人	FR	字符型	5	否	
注册时间	ZCSJ	字符型	50	否	
注册地点	ZCDD	字符型	20	否	
上级主管单位	SJZGDW	字符型	50	否	
更新时间	GXSJ	日期型	8	是	YYYY－MM－DD

【解读】

本条是对企事业单位属性数据项的规定说明。属性项中对组织机构代码、单位名称、地址描述、经营范围、企业性质、注册资金、法定代表人、注册时间、注册地点、上级主管单位、更新时间等做了规定。在资料收集齐全的情况下,要尽可能地将属性数据项填写完整。

7.2.46 新闻机构、文化场所、医疗卫生、教育机构、体育场所、科研院所、驻华机构(表2-3-57)

新闻机构、文化场所、医疗卫生、教育机构、体育场所、科研院所、驻华机构　表2-3-57

属性数据项	字段名称	字段类型	字段长度	是否必选项	说　明
分类代码	FLDM	字符型	8	是	应符合城市交通地理信息分类与代码的要求
组织机构代码	ZZJGDM	字符型	20	否	
名称	MC	字符型	50	是	
地址	DZ	字符型	50	是	
联系人	LXR	字符型	50	否	
联系电话	LXDH	字符型	20	否	
上级主管单位	SJZGDW	字符型	50	否	
更新时间	GXSJ	日期型	8	是	YYYY－MM－DD

【解读】

本条是对新闻机构、文化场所、医疗卫生、教育机构、体育场所、科研院所、驻华机构属性数据项的规定说明。属性项中对组织机构代码、单位名称、地址描述、联系人、联系电话、上级主管单位、更新时间等做了规定。在资料收集齐全的情况下,要尽可能地将属性数据项填写完整。

7.2.47 金融证券、商业单位、宾馆饭店、餐饮服务、危险场所、娱乐场所、旅游景点(表2-3-58)

金融证券、商业单位、宾馆饭店、餐饮服务、危险场所、娱乐场所、旅游景点　　表2-3-58

属性数据项	字段名称	字段类型	字段长度	是否必选项	说　明
分类代码	FLDM	字符型	8	是	应符合城市交通地理信息分类与代码的要求
组织机构代码	ZZJGDM	字符型	20	否	
名称	MC	字符型	50	是	
地址	DZ	字符型	50	是	
联系人	LXR	字符型	50	否	
联系电话	LXDH	字符型	20	否	
上级主管单位	SJZGDW	字符型	50	否	
更新时间	GXSJ	日期型	8	是	YYYY－MM－DD

【解读】

本条是对金融证券、商业单位、宾馆饭店、餐饮服务、危险场所、娱乐场所、旅游景点属性数据项的规定说明。属性项中对组织机构代码、重点单位名称、地址描述、联系人、联系电话、上级主管单位、更新时间等做了规定。在资料收集齐全的情况下,要尽可能地将属性数据项填写完整。

7.2.48 小区楼宇(表2-3-59)

小 区 楼 宇　　表2-3-59

属性数据项	字段名称	字段类型	字段长度	是否必选项	说　明
分类代码	FLDM	字符型	8	是	应符合城市交通地理信息分类与代码的要求
名称	MC	字符型	50	是	
地址	DZ	字符型	50	是	
联系人	LXR	字符型	50	否	
联系电话	LXDH	字符型	20	否	
上级主管单位	SJZGDW	字符型	50	是	
更新时间	GXSJ	日期型	8	是	YYYY－MM－DD

【解读】

本条是对小区楼宇属性数据项的规定说明。属性项中对小区楼宇名称、地址描述、联系人、联系电话、上级主管单位、更新时间等做了规定。在资料收集齐全的情况下,要尽可能地将属性数据项填写完整。

7.2.49 道路交通事故(表2-3-60)

道 路 交 通 事 故　　表2-3-60

属性数据项	字段名称	字段类型	字段长度	是否必选项	说　明
分类代码	FLDM	字符型	8	是	应符合城市交通地理信息分类与代码的要求

续上表

属性数据项	字段名称	字段类型	字段长度	是否必选项	说 明
事故编号	SGBH	字符型	5	是	
事故类型	SGLX	字符型	50	是	
发生地地址	FSDDZ	备注型	50	是	
发生时间	FSSJ	日期型	8	是	YYYY - MM - DD

【解读】

本条是对道路交通事故属性数据项的规定说明。属性项中对事故编号、事故类型、发生地位置描述、发生时间等做了规定。

7.2.50 抛锚(表 2-3-61)

抛 锚 表 2-3-61

属性数据项	字段名称	字段类型	字段长度	是否必选项	说 明
分类代码	FLDM	字符型	8	是	应符合城市交通地理信息分类与代码的要求
编号	BH	字符型	5	是	
发生地地址	FSDDZ	备注型	50	是	
发生时间	FSSJ	日期型	8	是	YYYY - MM - DD

【解读】

本条是对抛锚事件属性数据项的规定说明。属性项中对编号、发生地位置描述、发生时间等做了规定。

7.2.51 道路异常(表 2-3-62)

道 路 异 常 表 2-3-62

属性数据项	字段名称	字段类型	字段长度	是否必选项	说 明
分类代码	FLDM	字符型	8	是	应符合城市交通地理信息分类与代码的要求
编号	BH	字符型	5	是	
发生地地址	FSDDZ	备注型	50	是	
发生时间	FSSJ	日期型	8	是	YYYY - MM - DD

【解读】

本条是对道路异常事件属性数据项的规定说明。属性项中对编号、发生地位置描述、发生时间等做了规定。

7.2.52 特殊事件(表 2-3-63)

特 殊 事 件 表 2-3-63

属性数据项	字段名称	字段类型	字段长度	是否必选项	说 明
分类代码	FLDM	字符型	8	是	应符合城市交通地理信息分类与代码的要求

续上表

属性数据项	字段名称	字段类型	字段长度	是否必选项	说　明
事件编号	SJBH	字符型	5	是	
发生地地址	FSDDZ	备注型	50	是	
发生时间	FSSJ	日期型	8	是	YYYY - MM - DD

【解读】

本条是对特殊事件属性数据项的规定说明。属性项中对事件编号、发生地位置描述、发生时间等做了规定。

7.2.53　线状道路交通流、面状道路交通流(表 2-3-64)

线状道路交通流、面状道路交通流　　表 2-3-64

属性数据项	字段名称	字段类型	字段长度	是否必选项	说　明
分类代码	FLDM	字符型	8	是	应符合城市交通地理信息分类与代码的要求
交通流编号	JTLBH	字符型	5	是	
发生地地址	FSDDZ	备注型	50	是	
发生时间	FSSJ	日期型	8	是	YYYY - MM - DD

【解读】

本条是对线状道路交通流、面状道路交通流属性数据项的规定说明。属性项中对交通流编号、发生地位置描述、发生时间等做了规定。

7.2.54　网状道路交通流(表 2-3-65)

网状道路交通流　　表 2-3-65

属性数据项	字段名称	字段类型	字段长度	是否必选项	说　明
分类代码	FLDM	字符型	8	是	应符合城市交通地理信息分类与代码的要求
交通流编号	JTLBH	字符型	5	是	
发生地地址	FSDDZ	备注型	50	是	
发生时间	FSSJ	日期型	8	是	YYYY - MM - DD

【解读】

本条是对网状道路交通流属性数据项的规定说明。属性项中对交通量编号、发生地位置描述、发生时间等做了规定。

7.2.55　临时道路交通管制(表 2-3-66)

临时道路交通管制　　表 2-3-66

属性数据项	字段名称	字段类型	字段长度	是否必选项	说　明
分类代码	FLDM	字符型	8	是	应符合城市交通地理信息分类与代码的要求

续上表

属性数据项	字段名称	字段类型	字段长度	是否必选项	说　明
管制编号	GZBH	字符型	5	是	
联系人	LXR	字符型	50	是	
联系电话	LXDH	字符型	20	是	
开始时间	KSSJ	时间型	14	是	YYYY - MM - DD - HHMMSS
结束时间	JSSJ	时间型	14	是	YYYY - MM - DD - HHMMSS
发生地地址	FSDDZ	备注型	50	是	
所属单位	SSDW	字符型	50	是	
更新时间	GXSJ	日期型	8	是	YYYY - MM - DD

【解读】

本条是对临时道路交通管制事件属性数据项的规定说明。属性项中对管制事件编号、联系人、联系电话、开始时间、结束时间、发生地位置描述、所属单位、更新时间等做了规定。

第四章 《城市交通地理信息数据分层及命名规则》条文解读

1 范围

本标准规定了城市交通地理信息数据分层及命名规则。

本标准适用于城市交通地理信息数据采集、整理、更新、管理、建库、共享与交换和产品开发。

【解读】

本条是关于标准适用的范围的规定。

在 GIS 软件中,是以分层的方式对空间数据进行管理的:将地理空间景观按主题分层提取,同一地区的整个数据层集就表达该地区地理景观的内容。每个主题层,可以叫作一个数据层面。数据层面既可以用矢量结构的点、线、面图层文件方式表达,也可以用栅格结构的图层方式格式进行表达。在地理信息软件中,按照具有一定意义的图层和相应的属性建立空间数据库,同时为了特点空间分析的需要,也需要对地理数据进行分层。本标准规定城市交通地理信息数据分为哪些图层,每个图层包含哪些具体内容。

2 规范性引用文件

下列文件对于本文件的应用是必不可少的。凡是注日期的引用文件,仅所注日期的版本适用于本文件。凡是不注日期的引用文件,其最新版本(包括所有的修改单)适用于本文件。

GB/T 13989—2012　国家基本比例尺地形图分幅和编号

DB45/T 1190—2015　城市交通地理信息分类与代码

【解读】

本条是关于规范性引用文件的说明。本标准需要对《国家基本比例尺地形图分幅和编号》(GB/T 13989—2012)、《城市交通地理信息分类与代码》(DB45/T 1190—2015)的引用。

3 数据分层原则

3.1 基本原则

交通地理信息数据分层遵循如下原则:

——按业务应用要求,将交通地理信息划分为若干图层;

——相同逻辑内容的空间信息宜放在一个图层;

——一个图层只有一个空间拓扑特征;

——数据分层可划分到 DB45/T 1190—2015 小类,但对于在门类、大类或小类达到属性项的一致,不需再细分;

——逻辑内容相同但地理实体丰富多样或应用需要多种地理实体表示,则采用多个空间拓扑层方式分层。

【解读】

本条是对交通地理数据分层基本原则的说明。

(1)按业务要求,将交通地理信息划分为若干图层

图层(layer)是 GIS 地图上地理表达的基本单位,是对地理数据的概括(抽象),每个图层表达的是按照地图绘制者的规范绘制出的一系列有关联的地理数据。比如,可以创建表达溪流、政区界线、公路的图层。电子地图对实际空间的表达,实际上是通过不同的图层进行描述,通过图层叠加显示来进行表达的过程,如图 2-4-1 所示。

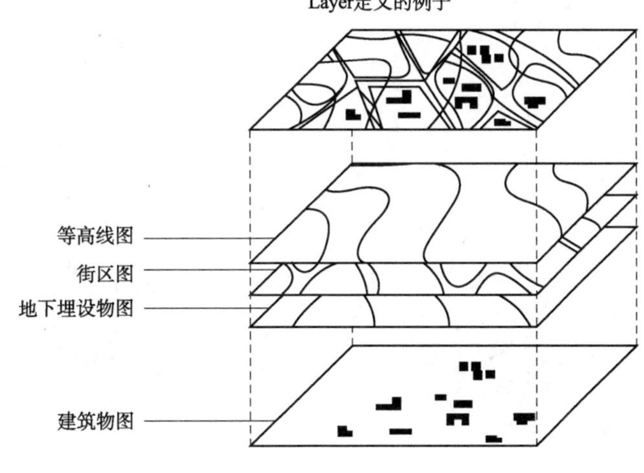

图 2-4-1 图层

实际工作中,一般都是按照交通地理信息数据分类建设不同的交通地理信息图层的,如图 2-4-2 所示。

(2)相同逻辑内容的空间信息宜放在一个图层

不同逻辑内容的空间信息的编码、属性结构不一定相同,应单独绘制成一个图层。

(3)一个图层只有一个空间拓扑特征

前面已述,图层是对地理数据的概括(抽象),是对实际空间的表达,对不同空间拓扑特征的地理要素应分开建立图层。

(4)数据分层可划分到 DB45/T 1190—2015 小类,但对于在门类、大类或小类达到属性项的一致,不需再细分

原则上,DB45/T 1190—2015 对交通地理信息数据分类有多少小类,就可以划分多少图层,但为了减少数据量,属性数据项完全一致的情况下,可将小类的图层合并。

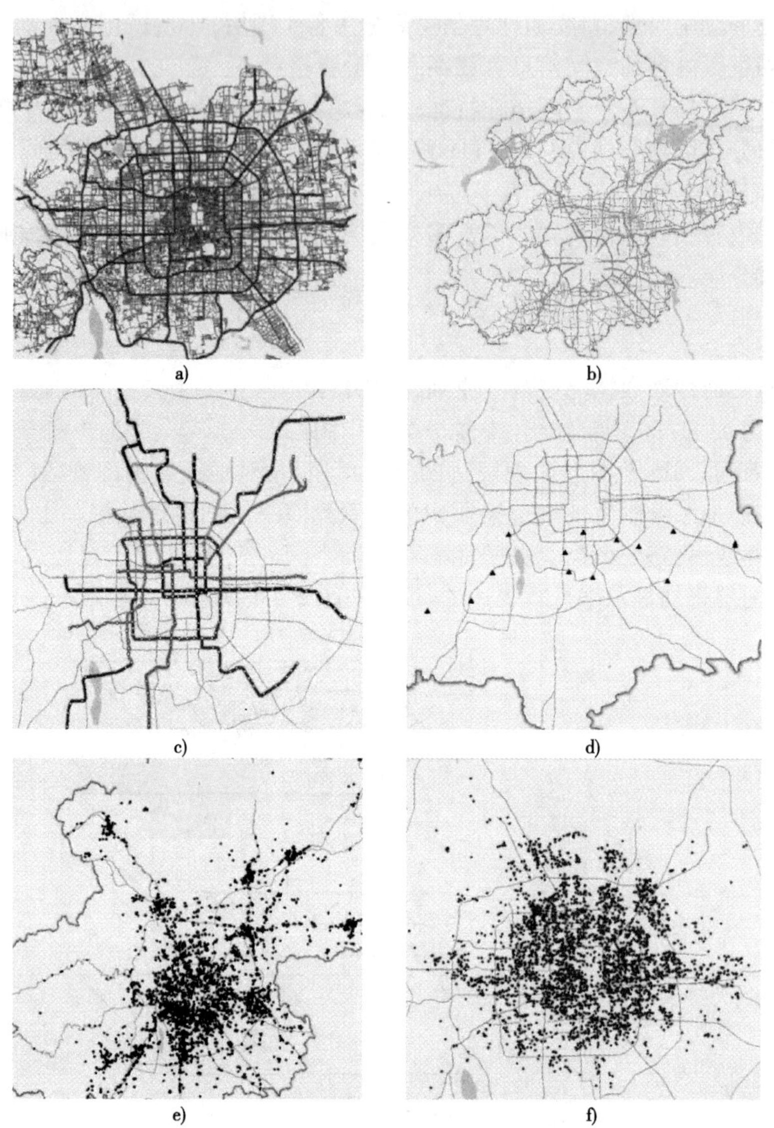

图 2-4-2 不同交通地理信息数据图层

a)城市道路;b)公路;c)客运;d)货运;e)机动车维修与检测;f)停车场

(5)逻辑内容相同但地理实体丰富多样或应用需要多种地理实体表示,则采用多个空间拓扑方式分层

人类和现实事物的交互是丰富多彩的,对现实世界表达和建模的方式因此也多种多样。比如河流就是地球表面上的非常重要的元素。河流属于自然要素,人们使用其作为交通运输工具,还将其作为划分行政区域界线的重大依据。在 GIS 中,可以考虑使用以下几种方式进行河流的表达:

①河流作为组成网络的一系列线要素。每条河流线段都拥有流量、容量和其他属性。可采用几何网络来分析水文流量或者船务运输等。

②河流作为疆土的边界。河流作为政治区域比如省或者县的边界线,或者作为自然区

域的疆界线比如野生动物栖息地的自然边界,此时河流表达时用线状要素。

③河流具备堤岸、河网以及航线等等描述信息,可作为面状要素表达。

④河流作为模拟表面的一系列弯曲的地槽。通过地表河流的路径,可计算它的下降剖面和比率、径流分水岭还有在预定降水量情况下洪灾发生的可能性,此时用栅格曲面来表达河流。

具有类似这种特征的还有城市道路、高速公路等,都可以根据应用需要多种实体表示,采用不同的拓扑方式分层。

3.2 比例尺

城市交通地理信息系统中交通电子地图数据采用表2-4-1 所列比例尺,比例尺代码引用GB/T 13989—2012。

比例尺代码　　表2-4-1

比例尺	1:500	1:1 000	1:2 000	1:5 000	1:10 000	1:25 000	1:50 000	1:100 000	1:250 000
代码	K	J	I	H	G	F	E	D	C

【解读】

本条是对交通地理信息数据分层的电子地图比例尺的说明。

地图比例尺指地图上的线段长度与实地相应线段长度之比。它表示地图图形的缩小程度,又称缩尺。地图比例尺的设计,要充分考虑交通应用的实际需要。比例尺的设计好坏直接影响着地图的显示效果。由于比例尺的缩小,同一个制图区域在图上的面积随之缩小,因而图上所能表示的地物数量也相应减少。当地图幅面一定时,不同比例尺地图所包括的实地范围不同,大比例尺地图所包括的地面面积较小,小比例尺地图包括的地面面积较大。在不同范围内,对同一地物重要程度的评价并不相同,有些事物从小范围看是重要的,但在大范围内可能是次要的。

3.3 空间拓扑的表示与划分方法

3.3.1 电子地图数据的空间拓扑划分应依据比例尺相应地理要素的表现粒度和应用的要求,确定空间拓扑划分方法。

【解读】

本条是对电子地图数据空间拓扑划分的原则的说明。

要素是地图组成中的地理对象。地图具有比例尺,它决定要素(点、线或多边形)的尺寸。

在较大的比例尺中,建筑物可以用多边形表示;而在小比例尺中则只能用点来表示。

在大的比例尺中,每棵树所在的地方都能分别表示出来;但由高于一定密度的树组成的森林则用多边形表示,如图 2-4-3 所示。

在大比例尺上,河流有很多拐弯的转折点和小的支流;但在小比例尺上,线的细节就被过滤掉了,小的河流没有表示出来,如图 2-4-4 所示。

图 2-4-3　不同比例尺下森林的显示

图 2-4-4　不同比例尺下河流的显示

如果要改变不同比例尺下要素的尺寸，则建立一个与另一种要素级别相联系的数据库。当绘制一幅地图时，比例尺决定了哪些要素要绘制，而哪些不用绘制出来。

3.3.2　空间拓扑的表示

空间拓扑是空间数据的组织方式，基本类型包括点、线、面（多边形）、网格、栅格、格网、三角网、文本标注等。

3.3.3　空间拓扑的划分方法

空间拓扑划分应根据相应比例尺的空间数据表现进行划分：

——具备点状定位特征和表现宏观特性的地理实体，采用点类型进行描述，例如基础控制点、泉等；

——具备线状特征或在该比例尺下抽象为线状特征的地理实体，采用线类型进行描述，例如公路、时令河；

——具备空间区域覆盖特征的地理实体，可以采用面类型进行描述，例如湖泊；

——具备空间连续分布特征的地理要素，可以采用栅格、格网、三角网类型进行描述，例如 DEM；

——对于某些地理实体，根据应用需要可采用多种空间拓扑进行描述，例如等高线可以表示为线和格网；

——对于需要在电子地图上描述的社会属性如地名、旅游资源，其信息已经在相应的地理实体中描述，但又需要表示，可以描述为具备点状特性的文本标注类型，例如农村居民点标注；

——对于由一系列具有关联关系的节点和线路构建网络，在划分点、线空间拓扑特征的同时应建立其网络拓扑特征。

【解读】

本条是对空间拓扑表示方法与划分原则的说明。

一、现实世界的三种表达方式

1）矢量数据

矢量数据结构是利用欧几里得几何学中的点、线、面及其组合体来表示地理实体空间分布的一种数据组织方式。矢量方法将地理现象或事物抽象为点、线、面实体，将它们放在特定空间坐标系下进行采样记录：

（1）点实体：记录点坐标和属性代码；

（2）线实体：记录两个或一系列采样点的坐标，并加属性代码；

(3)面实体:记录边界上一系列采样点的坐标,由于多边形封闭,边界为闭合环,加面域属性代码。

因此,矢量数据反映的是点、线、多边形要素,常应用于具有确定的形状或边界的不连续对象(图2-4-5)。要素具有精确的形状和位置、属性和元数据以及有意义的行为。

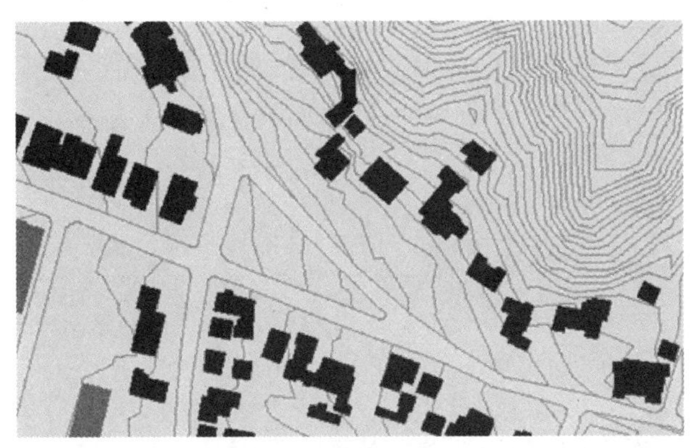

图2-4-5 矢量数据

矢量数据的表示分简单矢量数据结构和矢量拓扑数据结构。

简单数据结构分别按点、线、面三种基本形式来描述。矢量数据可抽象为点(结点)、线(链、弧段、边)、面(多边形)三种要素,即称为拓扑元素。拓扑数据结构的关键是拓扑关系的表示,而几何数据的表示可参照矢量数据的简单数据结构。在目前的GIS中,主要表示基本的拓扑关系,而且表示方法不尽相同。

2)栅格数据

栅格结构是以规则的像元阵列来表示空间地物或现象的分布的数据结构,其阵列中的每个数据表示地物或现象的属性特征。换句话说,栅格数据结构就是像元阵列,用每个像元的行列号确定位置,用每个像元的值表示实体的类型、等级等的属性编码:

栅格数据表现连续的数据。栅格中的每一个像元(或像素)是一个测量单元。栅格数据集最常见的来源是卫星影像或航空相片(图2-4-6)。栅格数据集也可以是一个要素(如建筑物)的照片。

图2-4-6 栅格数据

栅格数据集的一个优点就是以连续数据的形式存贮和操作,这些数据可以是高程、水量表、污染物浓度或环境噪声的级别。

3)三角网数据

(三角网)TIN 是描述地块表面的有效方式,TIN 支持透视视图。人们可以在 TIN 上叠加一幅影像来获得真实地形显示(图 2-4-7)。

图 2-4-7 三角网数据

TIN 在模拟分水岭、可见度、视线、坡度、坡向、山脊和河流以及具有体积的形体时非常有用。TIN 也能模拟点、线和多边形。一个三角形由很多的聚点(mass points)组成,每个点具有 x、y、z 坐标。断线(break line)代表河流、山脊或其他线性不连续要素。外部区域(exclusion areas)代表具有相同高程的多边形,如湖泊或投影边界。使用线性内插或平滑算法,可以从 TIN 中生成等高线图。

二、要素、网络和拓扑

要素分别扮演三种不同的角色:简单要素、网络要素或拓扑要素。

1)简单要素

这类要素非常简单,与其他要素没有明显的联系或拓扑关系,如图 2-4-8 所示。

2)网络要素

网络要素彼此相联形成网络,如图 2-4-9 所示。

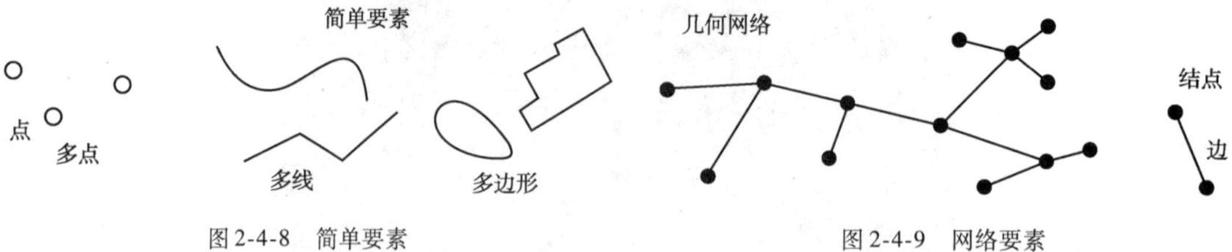

图 2-4-8 简单要素

图 2-4-9 网络要素

网络含有边,在边的两端具有结点。一个结点可以与一个或多个边相联。边和结点的集合就称为几何网络(geometric network)。

3)有公共边的拓扑关系

有公共边的拓扑关系是指可以获取和编辑要素的拓扑关系。

在 GIS 编辑软件中,可以指定一系列要素并生成面拓扑,面拓扑是一系列拓扑的原始组成:结点、边和面。当编辑结点时,相连的边也会相应地拉伸。当编辑一条边时,就同时修改了两个面的形状,如图 2-4-10 所示。

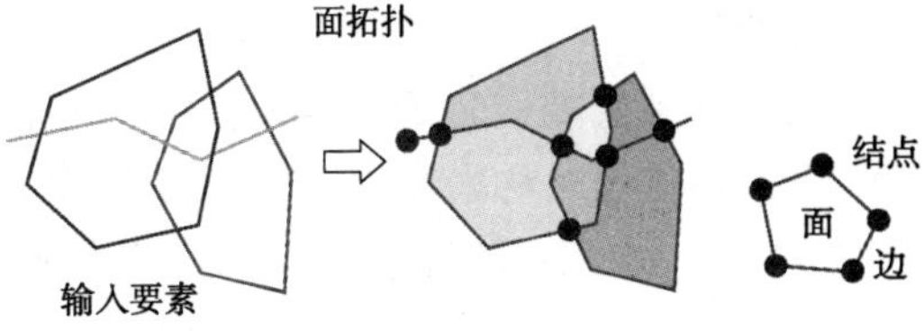

图 2-4-10　拓扑关系

4　图层命名规则

4.1　图层名称命名规则

图层名称命名规则为:

——将图层划分时依据 DB45/T 1190—2015 中的分类名称作为图层名称;

——同一分类划分为多个空间拓扑特征图层,在分类名称前或后加上空间拓扑特性名称,如水系有三个图层取名为"点状水系、线状水系、面状水系"。

【解读】

本条是关于图层名称命名规则的说明。

图层的名称应以(DB45/T 1190—2015)《城市交通地理信息分类与代码》中的分类名称为依据。

同一分类划分为多个空间拓扑特征图层,在分类名称前或后加上空间拓扑特性名称,如水系有三个图层取名为"点状水系、线状水系、面状水系"。

4.2　图层映射名称命名规则

图层的映射名称采用组合法,将地理图层映射名分为两部分,第一部分为图层名称中每个汉字拼音的首字母组合而成,如果映射名有重复,将"序号"大的"图层名称"中的最后一个汉字改为全拼,如果再有重复,再将倒数第二个汉字改为全拼,以此类推,直至没有重复为止。第二部分为几何特征英文缩写,两部分之间用下划线连接。几何特征英文缩写分类见表 2-4-2。

几何特征英文缩写分类　　表 2-4-2

几何特征	英文全称	英文缩写
点	Point	PT
线	Polyline	PL
面	Polygon	PG
网格	Network	NET
栅格	Image	IMG
格网	Grid	GRD
三角网	Tin	TIN
文本标注	Annoation	ANN

例如:媒体机构为 MTJG_PT。

【解读】

本条是图层映射名称命名规则的说明。

图层的映射名称采用组合法,将地理图层映射名分为两部分,第一部分为图层名称中每个汉字拼音的首字母组合而成,如果映射名有重复,将“序号”大的“图层名称”中的最后一个汉字改为全拼,如果再有重复,再将倒数第二个汉字改为全拼,以此类推,直至没有重复为止。第二部分为几何特征英文缩写,两部分之间用下划线连接。例如媒体机构类图层名称为 MTJG_PT,线状水系类图层名称为 XZSX_PL。

5 图层代码编码规则

对每个图层建立相应的代码,图层代码编码规则为:

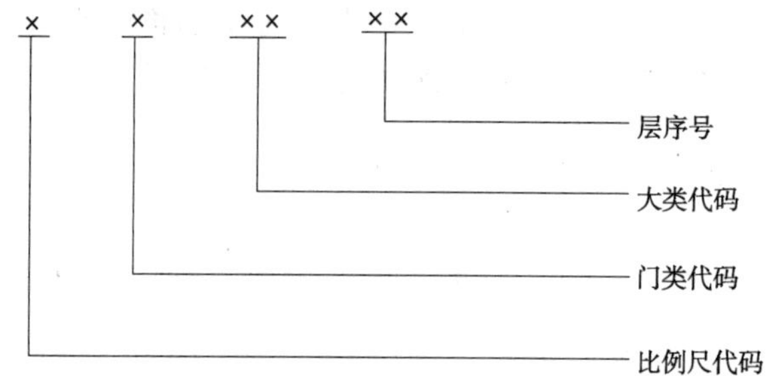

例如,比例尺为 1:2 000 下的点状水系图层,图层代码命名为:IA0201。

【解读】

本条是关于图层代码编码规则的说明。

对图层代码规则定义为:“比例尺代码”+“门类代码”+“大类代码”+“层序号”,例如比例尺为 1:200 下的点状水系图层,其代码命名为:IA0201。

6 数据分层及图层命名列表

6.1 基础地理信息数据分层及图层命名(表 2-4-3)

基础地理信息数据分层及图层命名　　表 2-4-3

层代码	要素类别	图 层 名 称	映射名称	图层信息描述	空间拓扑
△A0201	水系	点状水系	DZSX_PT	描述点状特征的水系,如泉	点
△A0202		线状水系	XZSX_PL	描述单线河流、沟渠等无法用多边形描述的水系	线
△A0203		面状水系	MZSX_PG	描述双线河流、湖泊及封闭水域、流域等	面
△A0204		水系标注	SXBZ_ANN	水系的标注	标注
△A0301	居民地及设施	居民地标注	JMDBZ_ANN	描述居民地行政等级所在地点或聚集定居的地点的专用名称	标注
△A0302		居民地	JMD_PG	居民地	面
△A0303		建筑物	JZW_PG	建筑物	面

续上表

层代码	要素类别	图 层 名 称	映射名称	图层信息描述	空间拓扑
△A0501	管线	管线	GX_PL	电力、电信等管线和井孔(如雨水、污水、消防栓等)	线
△A0601	境界与政区	省、市、县、区界	SSXQJ_PG	省、市、县、分区行政区划	面
△A0602		省、市、县、区界线	SSXQJX_PL	省、市、县、分区行政区划界线	线
△A0603		乡、镇街道界	XZJDJ_PG	乡、镇、街道行政区划	面
△A0604		乡、镇街道界线	XZJDJX_PL	乡、镇、街道行政区划界线	线
△A0701	地貌	等高线	DGX_PL	等高线	线
△A0702		高程点	GCD_PT	高程点	点
△A0703		点状地貌	DZDM_PT	点状地貌特征	点
△A0704		线状地貌	XZDM_PL	线状地貌特征	线
△A0801	植被与土质	面状植被	MZZB_PG	绿地、绿化带	面
△A0802		线状植被	XZZB_PL	行树或者线状绿地	线
△A0803		点状植被	DZZB_PT	独立树或者点状绿地	点
注:△代表比例尺代码。					

【解读】

本条是关于基础地理信息数据分层及图层命名的说明。

根据基础地理信息要素分类、图层命名映射规则、图层代码编码规则及空间拓扑表现形式,制定了基础地理信息数据及图层命名表。

6.2 交通公共地理信息数据分层及图层命名(表2-4-4)

交通公共地理信息数据分层及图层命名 表2-4-4

层代码	要素类别	图 层 名 称	映射名称	图层信息描述	空间拓扑
△B0101	公共交通	轨道交通线路	GDJTXL_PL	轨道交通线路	线
△B0102		地铁站点	DTZD_PT	地铁站点	点
△B0103		轻轨线路	QGXL_PL	轻轨线路	线
△B0104		轻轨站点	QGZD_PT	轻轨站点	点
△B0105		电车线路	DCXL_PL	电车线路	线
△B0106		电车站点	DCZD_PT	电车站点	点
△B0107		公共汽车线路	GJQCXL_PL	公交汽车线路	线
△B0108		公共汽车站点	GJQCZD_PT	公交汽车站点	点
△B0109		快速公交(BRT)线路	KSGJXL_PL	公交汽车线路	线
△B0110		快速公交(BRT)站点	KSGJZD_PT	公交汽车站点	点
△B0111		出租汽车站点	CZQCZD_PT	出租汽车站点	点
△B0112		火车站、高铁站	HCZ_PT	火车站	点

续上表

层代码	要素类别	图 层 名 称	映射名称	图层信息描述	空间拓扑
△B0113	公共交通	长途汽车站	CTQCZ_PT	长途汽车站	点
△B0114		智能公交电子站牌	DZZP_PT	智能公交电子站牌	点
△B0115		停车场	TCC_PT	停车场	点
△B0116		调度站	DDZ_PT	调度站	点
△B0117		加油(汽)站	JYQZ_PT	加油(汽)站	点
△B0118		充电站(桩)	CDZ_PT	充电站(桩)	点
△B0119		公交场站	GJCZ_PT	公交场站	点
△B0120		货运站	HYZ_PT	货运站	点
△B0121		售票、售卡、充值点	SPD_PT	售票点	点
△B0201	城际交通	城际公路网	CJGLM_PG	城际公路网	网络
△B0202		高速公路出入口	FWQ_PT	高速公路出入口	点
△B0203		收费站	SFZ_PT	收费站	点
△B0204		服务区	FWQ_PT	服务区	点
△B0205		加油站	JYZ_PT	加油站	点
△B0206		机场	JC_PT	机场	点
△B0301	城市道路	城市道路中心线	CSDLZXX_PL	道路中心线	线
△B0302		城市道路面	CSDLM_PG	城市道路边线构成的面	面
△B0303		城市快速路	KSL_PL	城市快速路	线
△B0304		城市快速路出入口	KSLCRK_PT	城市快速路出入口	点
△B0305		高架路(桥)	GJL_PL	城市高架路(桥)	线
△B0306		道路网	DLW_NET	道路网络	网络
△B0307		环岛	HD_PL	环岛	线
△B0308		立交桥	LJQ_PL	立交桥	线
△B0309		交通枢纽站	JTSN_PL	交通枢纽	面
△B0310		过街天桥、地下人行通道	GJTQDD_PL	过街天桥、地下人行通道	线
△B0401	道路交通设施	道路构造物及附属设施	GZWJFSS-S_PT	门洞、涵洞、下跨道、车行桥、桥墩、柱、隧道、道路交汇处、公路标志	点
△B0402		交通安全标识	JTAQBZ_PT	防护栏、隔离栅、紧急停车带、交通标志、路面标线、视线诱导标、防眩设施	点
△B0403		交通工程	JTGC_PT	公路监控、通信设施、收费设施、服务设施、公路沿线供配电、公路照明、智能运输	点
△B0404		交通指挥	JTZH_PT	指挥控制中心、交通流采集、信号控制、电视监视、闯红灯自动记录、车辆监测记录、停车管理、交通诱导、车辆定位	点

续上表

层代码	要素类别	图 层 名 称	映射名称	图层信息描述	空间拓扑
△B0501	水运设施及航道	船码头	CMT_PT	水运港客运站、固定顺岸码头、固定堤坝码头、栈桥式码头、浮码头、干船坞	点
△B0502		防波堤	FBD_PL	防波堤	线
△B0503		锚地	MD_PG	锚地	面
△B0504		助航标志	ZHBZ_PT	灯塔、灯桩、灯船、浮标、岸标、立标、信号杆、信号台、系船浮筒、过江管线标	点
△B0505		航行险区	HXXQ_PG	沉船(露出)、沉船(淹没)、急流区域、漩涡区域	面
△B0506		港口	GK_PT	国际贸易港、海港、河港	点
△B0507		渡口	DK_PT	火车渡、汽车渡、人渡、汽车徒涉场、行人徒涉场、跳墩、漫水路面、过河缆	点
△B0508		通航河段起讫点	THHDQQD_PT	通航河段起讫点	点
△B0509		航海线	HHX_PL	国际航线、国内(内河、沿海)航线	线
△B0510		通航设施	THSS_PT	船闸、升船机	点
△B0601	重点单位	交通运输行业相关单位	JTXGDW_PT	交通运输行业相关单位	点
△B0602		党政机关	DZJG_PT	党委、人大、政协、人民政府、人民解放军、武警部队、检察院、法院	点
△B0603		人民团体与民族党派	RMTTYMZD-P_PT	人民团体、民主党派、宗教团体、学会、协会、基金会	点
△B0604		基层群众自治组织	JCQZZZZZ_PT	居委会、村委会	点
△B0605		驻地机构	ZDJG_PT	驻地机构	点
△B0606		公安机关	GAJG_PT	国家公安部门及所属单位、市公安局及所属业务局、处、总队、分县局、基层科、队、所、社区警务工作站、执法站、巡逻岗亭、看押场所	点
△B0607		非交通运输行业相关企事业单位	QSYDW_PT	国防、军工企事业、航空航天企事业、大型厂矿企业、三资企业(含驻地外商机构及分公司)、一般企事业单位、公司(除三资)	点
△B0608		新闻机构	XWJG_PT	广播电台、电视台、新闻通讯社、报社、杂志社、出版社、影视制作中心、电影制片厂、境外驻地新闻机构	点
△B0609		文化场所	WHCS_PT	博物馆、图书馆、展览馆、档案馆、纪念馆、艺术馆、美术馆、科技馆(站)、展览中心、文物保护单位、群众文化场所、文艺团体、宗教场所	点
△B0610		医疗卫生	YLWS_PT	医院、急救中心、卫生防疫中心(站)、整形美容、疗养院、康复中心、保健所(站)、药品检验所(室、中心)、动物医院、兽医站、药店、药房	点

续上表

层代码	要素类别	图 层 名 称	映射名称	图层信息描述	空间拓扑
△B0611	重点单位	教育机构	JYJG_PT	大中专院校、中小学、学前教育、成人教育、职高、技校、艺术学校等、特殊教育学校、民办或私立学校、职业或语言培训学校(中心)、涉外学校	点
△B0612		体育场所	TYCS_PT	体育场馆、运动俱乐部、健身房、健身中心、游泳场	点
△B0613		科研院所	KYYS_PT	研究院、研究所、设计院	点
△B0614		外国政府国际组织驻华机构	WGZFGJZZ-ZHJG_PT	使馆、领馆	点
△B0615		金融证券	JRZQ_PT	信托投资公司、证券经纪与交易单位、银行及其分支机构、保险公司及其分支机构、珠宝店、典当行、涉外金融证券与保险机构	点
△B0616		商业单位	SYDW_PT	商场超市、贸易批发市场、商业网点	点
△B0617		宾馆饭店	BGFD_PT	星级宾馆、一般宾馆、普通旅馆、涉外宾馆饭店	点
△B0618		餐饮服务	CYFW_PT	酒店餐馆、中西式快餐店、料理、其他餐饮服务场所	点
△B0619		危险场所	WXCS_PT	水、电、气、热、邮政、通信等要害部门、生化厂、炼油厂、煤气站、液化气站、危险品仓库	点
△B0620		娱乐场所	YLCS_PT	影剧院、俱乐部、夜总会、洗浴、桑拿、按摩等、歌舞厅、卡拉 OK 厅、迪厅、游乐场、电子游艺厅、其他博弈场所、录像厅(馆)、网吧、酒吧、茶馆、咖啡厅等	点
△B0621		旅游景点	LYJD_PT	公园、文化古迹、风景区	点
△B0622		小区楼宇	XQLY_PT	小区、园区、家属楼、公寓、集体宿舍等、写字楼、大厦、平房四合院	点
△B0701	动态信息	道路交通事故	DLJTSG_PT	道路交通事故	点
△B0702		抛锚	PM_PT	抛锚	点
△B0703		道路异常	DLYC_PT	货物散落、路面积水、路面积雪、路面结冰、路面损毁、煤气管爆裂、自来水管爆裂、道路施工、雾、雪、雨、大风、路边火警、沙尘暴	点
△B0704		特殊事件	TSSJ_PT	大型集会活动、大范围施工、恐怖事件	点
△B0705		线状道路交通流	XZDLJTL_PL	道路交通流	线
△B0706		面状道路交通流	MZDLJTL_PG	道路交通流	面
△B0707		网状道路交通流	WZDLJTL_NET	道路交通流	网络
△B0708		临时道路交通管制	LSDLJTGZ_PT	临时道路交通管制	点

注:△代表比例尺代码。

【解读】

本条是关于交通公共地理信息数据分层及图层命名的说明。

根据交通公共地理信息要素分类、图层命名映射规则、图层代码编码规则及空间拓扑表现形式,制定了本交通公共地理信息数据及图层命名表。

6.3 交通业务专用地理信息数据分层及图层命名

由各业务单位按照本标准规定的原则进行数据分层和图层命名。附录 A、附录 B 提供了示例。

【解读】

本条是关于交通业务专用地理信息数据分层及命名规则的说明。

由各业务单位按照本标准规定的原则进行数据分层和图层命名,附录 A 和附录 B 提供了示例,交通各业务单位参照示例进行数据分层及命名。

第五章 《城市交通地理信息数据组织与数据库命名规则》条文解读

1 范围

本标准规定了城市交通地理信息数据组织与数据库命名规则。

本标准适用于城市交通地理信息数据采集、整理、更新、管理、建库、共享与交换和产品开发。

【解读】

本条是关于标准适用的范围的规定。

空间信息技术包括空间数据获取、空间数据处理和空间数据应用技术三个部分,而空间数据管理必将成为这三种技术的基础和核心。在数据获取过程中,空间数据库用于存储和管理空间信息及非空间信息;在数据处理系统中,它既是资料的提供者,也可以是处理结果的归宿处;在检索和输出过程中,它是形成绘图文件和各类地理数据的数据源。然而,空间数据以其惊人的数据量及其在空间上的复杂性,使得空间数据的组织与管理给传统数据库系统带来了巨大挑战。

空间数据库是区域内一定地理要素特征以一定的组织方式存储在一起的相关数据的集合。空间数据库是一类特殊其重要的数据库,其内部存储量大量与空间有关的数据,如地图、遥感数据等。更重要的是,空间数据库具备将空间数据与属性数据无缝链接和一体化存储管理的能力。

由于地理信息数据库具有数据量大,空间数据与属性数据具有不可分割的联系,以及空间数据带有空间拓扑结构和位置关系,并且相互之间存在数据依赖问题,因此相比关系型数据库和事务型数据库,空间数据库中数据存储机制、数据组织结构和数据访问方式等方面有诸多不同之处,而且要复杂得多。

结合目前主流的地理数据模型及空间数据库管理技术,条文对广西城市交通地理信息的数据组织结构、数据存储与管理、数据分层与命名、数据库命名等方面做出具体规定。

2 规范性引用文件

下列文件对于本文件的应用是必不可少的。凡是注日期的引用文件,仅所注日期的版本适用于本文件。凡是不注日期的引用文件,其最新版本(包括所有的修改单)适用于本文件。

GB/T 4754—2011　国民经济行业分类
GB/T 13989—2012　国家基本比例尺地形图分幅和编号
DB45/T 1190—2015　城市交通地理信息分类与代码
DB45/T 1192—2015　城市交通地理信息数据分层及命名规则

【解读】

本条是关于规范性引用文件的说明。本标准对国民经济行业分类《国民经济行业分类》(GB/T 4754—2011)、《国家基本比例尺地形图分幅和编号》(GB/T 13989—2012)、《城市交通地理信息分类与代码》(DB45/T 1190—2015)、《城市交通地理信息数据分层及命名规则》(DB45/T 1192—2015)进行了引用。

3 数据的组织

3.1 数据的组织结构

数据按照图2-5-1所示结构进行组织:

——数据库由一个或者多个空间数据集组成;

——空间数据集由一个或者多个具有相同空间坐标系的图层组成。

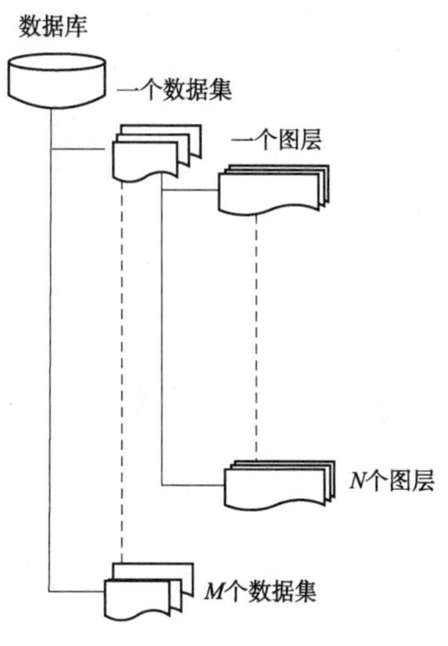

图2-5-1 数据的组织结构

【解读】

本条是关于数据组织结构的说明。

一、重要概念

(1)空间数据模型:指关于现实世界中空间实体及其相互间联系的概念,它为描述空间数据的组织和设计空间数据库模式提供着基本方法,是现实世界的数据抽象。

(2)空间数据库:指地理信息系统在计算机物理存储介质上存储的与应用相关的地理空间数据的总和,一般是以一系列特定结构的文件的形式组织在存储介质之上的。

二、空间数据模型数据组织

无论采用文件管理、关系数据库管理还是哪种模式管理空间数据,空间数据的组织方式均非常重要。一个地理空间数据库的由若干个空间数据集组成,数据集内部包括对象类、要素类、集合网络、拓扑关系等,要素集(feature dataset)中的所有要素必须具有相同的坐标系统。因为在要素集中存储了地理空间数据库的拓扑关系。空间参考(spatial reference),是维护拓扑关系的关键。

3.2 数据的存储与管理

基于关系型数据库和空间数据库引擎建立交通地理信息数据库,实现交通地理信息数据存储与管理。

【解读】

本条是对交通地理信息数据存储与管理的说明。

地理信息系统管理空间数据的方式与一般数据库技术的发展紧密联系，最初采用基于文件管理的方式，目前有的系统采用文件与关系数据库混合管理模式。有的采用全关系型空间数据库管理模式。随着面向对象技术与数据库技术的结合，面向对象空间数据模型及实现系统也已经提出，但由于面向对象数据库管理系统价格昂贵且技术还不成熟，目前在 GIS 领域不太通用。

关系模型是目前主流的数据模型。关系模型是以数学理论为基础的数据模型，它把复杂的数据结构归纳为简单的二元关系，即把每一个实体集看作是一个二维表，其中每一行是一个实体（记录），每一列是个实体属性（字段），表中第一行是各字段的型的集合。在关系数据库中，对数据的操作几乎全部建立在一个或多个关系表格上，通过对这些表格的操作来实现对数据的管理。

由于地理信息数据库具有数据量大，空间数据与属性数据具有不可分割的联系，以及空间数据带有空间拓扑结构和位置关系，并且相互之间存在数据依赖问题。目前一种成熟的技术是将关系型数据库与空间数据库库引擎相结合来管理空间地理数据。

从空间数据管理的角度来看，空间数据引擎可看成是一个连续的空间数据模型，借助这一模型，可用关系型数据库来管理空间数据。目前市场上主流的商业 GIS 软件 ArcGIS 中，空间数据引擎 ArcSDE 存储和组织数据库中空间要素的方法，是将空间数据类型加到关系数据库中，它不改变和影响现有数据库或应用，只是在现有数据库表中加入图形数据项，供软件管理和访问与其关联的空间数据。

3.3 空间数据集的组织

空间数据集按照《城市交通地理信息分类与代码》（DB45/T 1190—2015）的门类、大类进行组织，交通基础地理信息和交通公共地理信息按照门类组织为两个空间数据集即交通基础地理信息数据集和交通公共地理信息数据集，业务专用地理信息按照大类组织为相应业务专用数据集。

【解读】

本条是关于空间数据集组织的说明。

空间数据集按照《城市交通地理信息分类与代码》（DB45/T 1190—2015）的门类、大类进行组织，交通基础地理信息和交通公共地理信息按照门类组织为两个空间数据集即交通基础地理信息数据集和交通公共地理信息数据集，业务专用地理信息按照大类组织为相应业务专用数据集。

3.4 图层与分区数据的组织

一个图层的数据采取统一存储在一个数据表中进行管理，在数据量较大情况下对数据表进行分区存储，分区按照空间分布进行。

【解读】

本条是关于图层与分区数据组织的说明。

一个图层的数据采取统一存储在一个数据表中进行管理,在数据量较大情况下对数据表进行分区存储,分区按照空间分布进行。

4 数据库及空间数据集命名规则

4.1 数据库命名规则

数据库命名规则为:

交通运输行业代码应符合 GB/T 4754—2011 的规定。

【解读】

本条是关于数据库命名规则的说明。数据库命名由"GIS"+"交通运输行业代码"组成。根据交通运输行业分类,公共电汽车客运数据命名为 GIS5411,城市轨道交通数据库命名为 GIS5412 等。

4.2 空间数据集命名规则

空间数据集命名规则为:

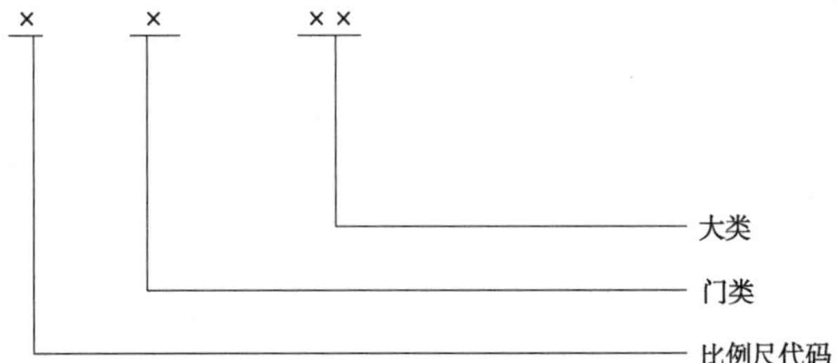

比例尺代码引用 GB/T 13989—2012,如表 2-5-1 所示:

比例尺代码表 表 2-5-1

比例尺	1:500	1:1 000	1:2 000	1:5 000	1:10 000	1:25 000	1:50 000	1:100 000	1:250 000
代码	K	J	I	H	G	F	E	D	C

【解读】

本条是关于空间数据集命名规则的说明。

空间数据集命名由“比例尺代码”+“门类”+“大类组成”，例如 1:2000 比例尺的交通公共地理信息门类的公共交通大类数据集命名为：IB01。

4.3 图层命名规则

图层命名规则引用《城市交通地理信息数据分层及命名规则》（DB45/T 1192—2015）中建立的图层代码命名规则。

【解读】

本条是关于图层命名规则的说明。

图层命名规则引用《城市交通地理信息数据分层及命名规则》（DB45/T 1192—2015）中建立的图层代码命名规则。

第三部分

应用成果

第一章 基于数据标准的交通地理信息数据库的构建

第一节 背 景

城市交通地理信息数据库是城市交通发展战略与政策制定、交通基础设施建设的辅助平台。建立城市交通数据库,科学存储、更新和管理城市交通地理信息数据,全面了解城市交通的运行特征和供求现状,可为制定城市交通发展战略,编制各项交通规划、交通基础设施建设决策等提供翔实的基础资料和科学的测评手段,对提高城市交通管理水平,促进城市交通数字化、信息化、智能化有十分重要的意义。

结合广西实际,在基础地理信息标准数据库基础上,经过数据提取(删除测绘专业要素,如测量控制点、等高线等)与数据重组后(分层处理、拓扑化处理、实体化处理),按照交通业务管理实际应用需求,进行数据扩充,形成了完整的交通地理框架数据库,可为各交通业务部门的电子政务应用提供一张统一的地理框架底图,满足众多政府部门的应用需求,为业务管理和决策分析提供支撑。

第二节 总 体 流 程

交通地理信息数据库广泛服务于交通规划、设计、施工、管理、运输等不同的部门,交通信息数据来自不同的部门,数据源多样,格式复杂,加之基础信息又有矢量和栅格之分,而各种数据还具有时间特征,因此各种特征信息可能要用不同的结构来表达,因此依据广西交通地理信息数据标准来进行数据库设计,考虑如何容纳各种各样的数据类型和格式,同时数据库设计要从数据特征和应用目的两个方面同时考虑。交通地理信息数据库建设流程一般为数据库设计、数据入库、数据整理,如图3-1-1所示。

交通地理信息数据库设计包括需求分析、概念设计和详细设计等步骤。其中需求一般包含在交通应用系统需求调研之中。概念设计中的关键内容是数据模型和数据组织,数据图层确定以及相关属性表达结构。详细设计则主要解决数据字典、数据存储、编码方案等内容。

交通地理信息数据入库有多种方式,它取决于应用目的和数据采集方法,但大致包括已有数据导入(如公路普查数据、现有路面管理系统、桥梁管理系统数据等),实测数据接入(如道路监测数据、各种检测设备数据、GPS、传感器数据等),以及数字化(手工、键盘等)数据采集等内容。数据入库过程中的关键是要保证属性数据和图形数据的对应,一般通过关联码进行关联。

数据整理与检验主要是对入库数据进行自动化检查,并对各类数据质量和精度进行控制,保持数据在内容的一致性、完整性。数据是 GIS 的基础和源头,甚至某种程度上决定了 GIS 应用的成败,这使得数据质量也成为影响 GIS 应用的重要因素,它直接影响着 GIS 应用分析结果的可靠程度和应用目标的真正实现,因而对 GIS 数据进行质量控制显得尤为重要和关键。

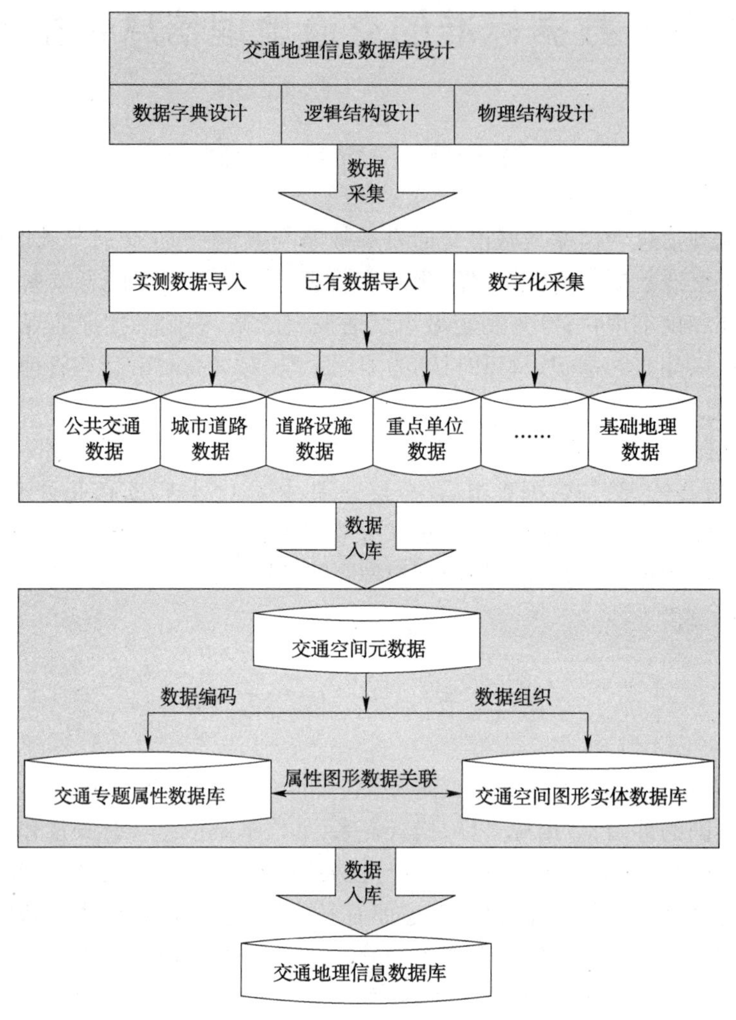

图 3-1-1　交通地理信息数据库建设流程

第三节　数据库设计

1)数据库组织结构

空间数据结构是交通地理框架数据库的核心,属性数据依附于空间数据而存在。数据库建设中,涉及矢量结构、栅格结构和矢栅一体化结构三种空间数据结构格式,通过统一转换,采用 shp 等矢量、栅格、矢栅一体化格式进行数据存储。空间数据和属性数据通过索引号建立一一对应的关系。所有地理框架要素通过空间数据引擎(SDE)导入大型关系数据库(如 Oracle)中形成地理框架数据库,对海量数据进行松散存储,可以实现多用户并发操作、事务管理、数据库备份与恢复、空间数据无缝管理等。

交通地理数据库由一个或者多个空间数据集组成，空间数据集按照城市交通地理信息分类与代码的门类、大类进行组织，交通基础地理信息和交通公共地理信息按照门类组织为两个空间数据集即交通基础地理信息数据集和交通公共地理信息数据集。空间数据集由多个具有相同空间坐标系的图层组成。

如图3-1-2所示，数据库统一采用商业地理信息软件ArcGIS的GeoDatabase数据模型进行数据的组织。在每一个GeoDatabase中可以包含Feature Dataset和Feature Class两种数据结构，Feature Dataset是相同空间参考的Feature Class的要素结合。Feature Class是独立的要素集合，用来存放同一种空间实体。Feature Class可以是Feature Dataset的子集，也可以作为一个独立的要素。

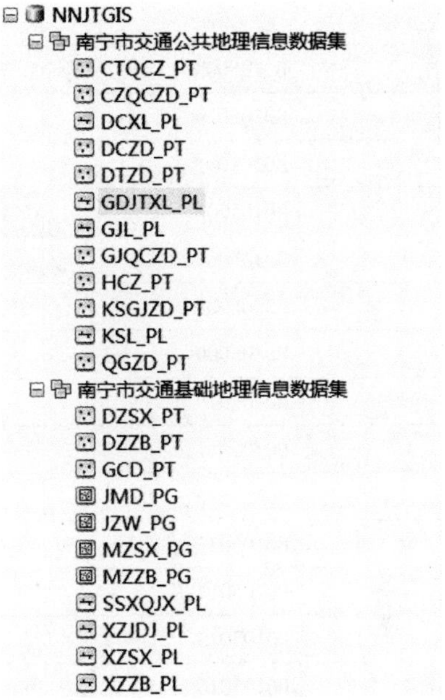

2）空间要素分类编码与属性结构

依据广西城市交通地理信息分类与代码将地理信息进行分类，如表（局部）3-1-1所示

NNJTGIS
南宁市交通公共地理信息数据集
CTQCZ_PT
CZQCZD_PT
DCXL_PL
DCZD_PT
DTZD_PT
GDJTXL_PL
GJL_PL
GJQCZD_PT
HCZ_PT
KSGJZD_PT
KSL_PL
QGZD_PT
南宁市交通基础地理信息数据集
DZSX_PT
DZZB_PT
GCD_PT
JMD_PG
JZW_PG
MZSX_PG
MZZB_PG
SSXQJX_PL
XZJDJ_PL
XZSX_PL
XZZB_PL

图3-1-2　空间数据集结构

交通地理信息分类表（局部）　　表3-1-1

代　码	名　称	说　明
B	交通公共地理信息	
B0100000	公共交通	
B0101000	城市轨道交通	
B0101001	地铁线路	
B0101002	轻轨线路	
B0101003	有轨电车线路	
B0101004	无轨电车线路	
B0102000	城市道路公共交通	
B0102001	公共汽车线路	
B0102002	快速公交（BRT）线路	
B0102003	公交专用道	
B0102004	出租汽车服务站、停靠站	
B0103000	城市水上公共交通	
B0103001	水上公交线路	
B0103002	车渡	
B0104000	无障碍设施	
B0105000	服务设施	
B0105001	地铁、城铁站	
B0105002	轻轨站	

续上表

代　码	名　称	说　明
B0105003	长途汽车站	
B0105004	有轨电车站	
B0105005	无轨电车站	
B0105006	公交站点	
B0105007	快速公交站	
B0105008	公共自行车点	
B0105009	智能公交电子站牌	
B0105010	停车场	
B0105011	加油(气)站	
B0105012	充电站(桩)	
B0105013	公交场站	
B0105014	调度站	
B0105015	货运站	
B0105016	售票、售卡点、充值点	

本标准的数据结构设计包含数据属性结构及数据分层组织两部分,即各地理要素需要填写哪些属性字段,属于哪个数据层。标准规定了每个要素在数据建库中需要填写的属性信息,如表3-1-2所示,规定了交通公共地理信息分类编码表中的智能电子公交站牌要素的相关字段,其属性包括了分类代码,名称,地址,线路名称、线路序号、公交换乘线路、运营单位等。对字段名称、类型、长度及是否为必填项等做了规定。

智能电子公交站牌数据属性结构 表3-1-2

属性数据项	字段名称	字段类型	字段长度	是否必选项	说　明
分类代码	FLDM	字符型	8	是	应符合交通地理信息要素分类代码的要求
国标代码	GBDM	字符型	5	是	应符合GB/T 13923—2006的要求
名称	MC	字符型	50	是	
地址	DZ	字符型	50	是	
线路名称	XLMC	字符型	50	是	
线路序号	XLXH	数值型	8	是	
公交换乘线路	GJHCXL	字符型	50	是	
轨道交通换乘线路	GDJTHCXL	字符型	50	是	
运营单位	YYDW	字符型	50	是	
更新时间	GXSJ	日期型	8	是	YYYY-MM-DD

3)要素类分层

各种交通地理数据通过数据分层进行组织,相同逻辑内容的空间信息放在一个图层;一个图层只有一个空间拓扑特征;数据分层可划分到小类,但对于在门类、大类或小类达到属性项的一致,不需再细分;逻辑内容相同但地理实体丰富多样或应用需要多种地理实体表示,则采用多个空间拓扑层方式分层,如表 3-1-3 所示。

数据分层组织(部分) 表 3-1-3

要素类别	图 层 名 称	映射名称	图层信息描述	空间拓扑
城市道路	城市道路中心线	CSDLZXX_PL	道路中心线	线
	城市道路面	CSDLM_PG	城市道路边线构成的面	面
	城市快速路	KSL_PL	城市快速路	线
	城市快速路出入口	KSLCRK_PT	城市快速路出入口	点
	高架路(桥)	GJL_PL	城市高架路(桥)	线
	道路网	DLW_NET	道路网络	网络
	环岛	HD_PL	环岛	线
	立交桥	LJQ_PL	立交桥	线
	交通枢纽站	JTSN_PL	交通枢纽	面
	过街天桥、地下人行通道	GJTQDD_PL	过街天桥、地下人行通道	线

4)数据编辑与处理

主要处理流程如图 3-1-3。

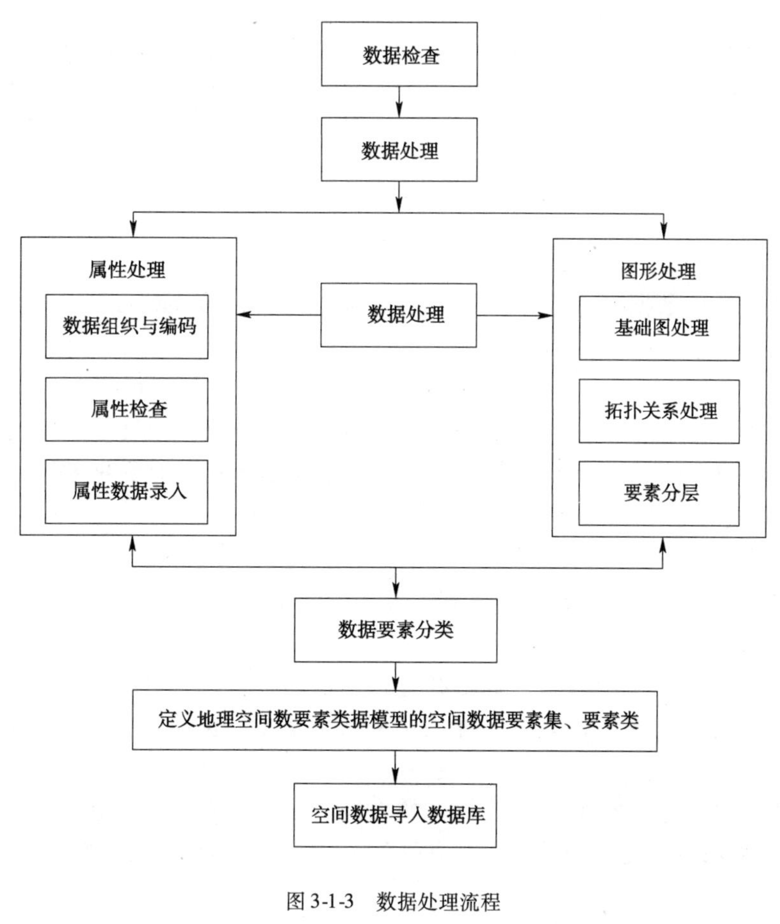

图 3-1-3 数据处理流程

根据数据规范对数据的数学基础、数据格式、数据分层及属性、存储单元、数据精度等进行要求，广西交通地理信息数据根据标准规划主要有如下要求：

①数学基础：坐标系统为2000国家大地坐标系；

②存储与交换格式：生产过程中可采用通用的可交换格式存储（如Esri shapefile格式），建库后采用所使用数据库的格式；

③数据分层及属性：参见《城市交通地理信息分类与代码》（DB45/T 1190—2015）及《城市交通地理信息数据分层及命名规则》（DB45/T 1192—2015）数据分层及属性说明；

④存储单元：生产过程中的数据依据数据比例尺采用国家标准《国家基本比例尺地形图分幅和编号》（GB/T 13989—92）分幅存储，建库后统一拼接；

⑤数据精度：几何精度：数据整合改造过程中应保证与源数据精度一致，不得损失、破坏或降低原始数据精度；成果数据相邻图幅的要素要严格接边，包括数据几何接边与属性接边。由于整合改造时所使用数据源不同而引起的相邻图幅无法接边的情况，需要在项目技术总结中说明；属性精度：保留原始数据属性信息。

基于商业地理信息软件ArcGIS可制定一套完全符合广西交通地理信息标准规范的Geodatabase的数据模型，在数据库建设模板中也参照规范对坐标系统、数据分层及表达等进行设置。

（1）数据获取

矢量电子地图数据通常来源于测绘部门的基础地理信息数据，包括1∶100万、1∶25万、1∶10万、1∶5万、1∶2.5万、1∶1万、1∶5000、1∶2000、1∶1000、1∶500等不同比例尺，以及公共服务设施等专题地理信息。

确定数据来源后最关键的工作就是建立源数据与成果数据的分层对应关系及要素选取转换对照表。

（2）格式转换

ArcGIS中常用的数据格式转换工具包括：转换工具集（Conversion Tools）和数据互操作扩展模块（Data Interoperability Tools）。

（3）数据整合

源数据转为目标格式后，就可以按照分层对应关系及要素选取转换对照表对数据进行整合处理。数据整合的过程较复杂，根据源数据与成果数据的关系数据整合处理可能涉及数据提取、数据裁切、数据拼接等方法。

（4）数据组织重构

数据整合处理完成后会形成中间结果数据，接着需要进行数据组织重构。

数据组织重构包括两方面的内容，数据分层命名和属性结构规整。

数据分层命名分为两种情况，一种是经过数据整合后的数据层与要求的数据层一一对应，可直接按照命名规范进行修改；另一种是数据整合后的数据层与要求的数据层并不一一对应，需要针对不同情况做相应处理。

属性结构规整分为三步，首先按照规范的属性字段及类型长度给由以上步骤所生成的数据层添加属性项；其次是按照属性值对应关系将旧的属性值赋到新属性字段中；最后删除旧属性项。

建立属性字段对应表,将旧属性项字段值赋到新属性项字段值中。

属性结构规整一般通过属性表中的计算几何工具和字段计算器即可完成,计算几何工具可以计算要素的长度或面积,字段计算器可以完成多种赋值操作。

如果在数据整合过程中丢失了部分属性,也可以先通过建立连接的方式与原始数据建立空间或属性连接,然后通过字段计算器获得相应属性。

(5)分类代码转换

各图层分类渲染依据国标分类码字段,所采用的标准是 GB/T 13923—2006。源数据通常来源于基础地理信息数据,属性中带有数据分类代码字段,但是有的分类代码可能依据的标准是 GB/T 13923—1992,因此需要将分类代码转为 GB/T 13923—2006。

(6)坐标投影变换

成果数据的空间参考要满足数据要求中的数学基础,对于不满足要求的数据要进行处理。

5)数据质量控制与检查

空间数据质量控制与检查主要包括空间位置的几何精度、空间地理特征的完整性、空间特征表达的完整性、空间数据的拓扑关系、空间数据的地理参考是否正确、边界匹配如何等内容,属性数据质量内容包括属性表达定义是否符合数据库的设计、主关键字的定义和唯一性如何、各项的值是否在有效的范围之内、属性表达外部关键字是否正确、关系表之间的关系是否正确、数据项是否完整等。

第二章　南宁市交通地理信息“一张图”建设

第一节　背　　景

20 世纪 80 年代以来，广西公路建设事业发展迅猛，截至 2010 年底，广西公路总里程达 101 324 km，高速公路通车里程达 2 574km。基本实现地级市通高速公路、县县通二级公路、乡乡通沥青路、村村通公路，建制村通沥青路、村村通班车的比例达到 58.1% 和 81.43%，初步形成了一个支干衔接、布局合理、连接城乡的全区公路网络。如何利用现代科技，充分发挥现有路网的运行效率，提高其服务水平，成为广西各级公路管理部门面临且亟待解决的问题。正是在这个大的背景条件下，交通运输行业建立了许多业务方面的 GIS 系统，如针对农村公路的地理信息系统、针对养护管理的地理信息系统、针对港口航道管理的地理信息系统等。这些系统在建设之初满足了工作人员对电子地图和业务数据集成管理的需要，但是随着业务的发展，以及科学管理的深入，这些地理信系统在使用过程中无法有效集成使用，造成了资金的浪费和使用效率的低下，管理者无法利用交通行业的业务数据分析出有价值的信息。针对这些弊端，国家测绘局提出“一张图”工程的建议。

“一张图”工程是数字中国地理信息化建设的简称。所谓“一张图”工程主要针对目前各行各业的地理信息系统建设中出现的重复建设、标准不统一等问题。该工程可以细分为：数字城市一张图、城市规划建设一张图、城市交通一张图工程等。“一张图”工程的建设，是数字地理空间框架空间信息基础设施的重要组成部分，是经济社会信息化发展的基础平台。广西交通“一张图”地理空间框架服务平台的建设，要解决广西自然资源、环境、基础设施以及经济和社会信息资源的整合和集成，以地理空间为框架，将这些资源信息落实到地理空间上，直观、真实和全面地把握广西交通、经济和社会的发展状况，为经济和社会的发展以及公众的生活服务。具体而言，就是把目前行业内各种地理信息系统和电子地图数据整合成为一个平台，在统一的空间电子地图上叠加不同业务数据，整合为交通行业“一张图”。

广西交通地理信息标准化建设就是为指导交通地理框架数据库建设，并紧紧围绕交通部门的实际应用需求，为交通部门的电子政务应用提供统一标准的地理底图，为众多业务应用共享“同一张底图”管理模式的形成奠定基础。

第二节　交通地理信息“一张图”建设成果

通过整合基础地理、公路及附属设施、客货运站场等多源异构空间地理信息资源，建成“一张图、一个平台、两套体系”的交通地理信息共享平台，面向交通各类应用系统提供数据和服务。

一张图：即一个地理信息数据中心，遵循相关标准，建立开放的共享地理信息数据库，主要分为基础地理数据库、交通基础数据库和专题地图数据库。

一个平台：建成统一的交通地理信息资源共享平台，实现交通系统内各单位、各业务间的交通地理信息数据的全面共享。

两套体系：包括交通标准规范保障体系以及地理信息共享平台运维体系。交通标准规范保障体系包括数据、服务、安全三类标准；地理信息共享平台运维体系包括数据采集、数据更新、数据共享、服务共享等机制和规范。交通地理信息共享平台是交通行业空间信息资源整合、共享、发布的基础核心平台。

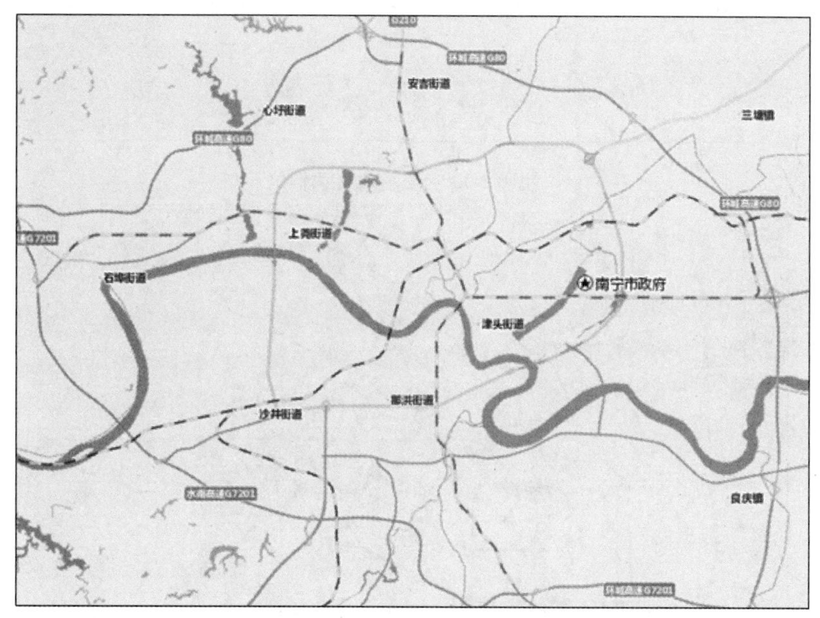

图 3-2-1　交通地理信息一张图

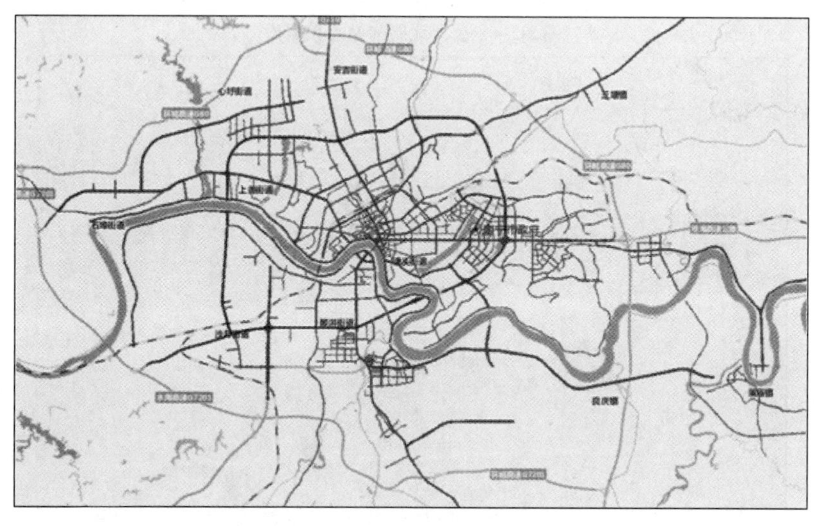

图 3-2-2　道路网数据库

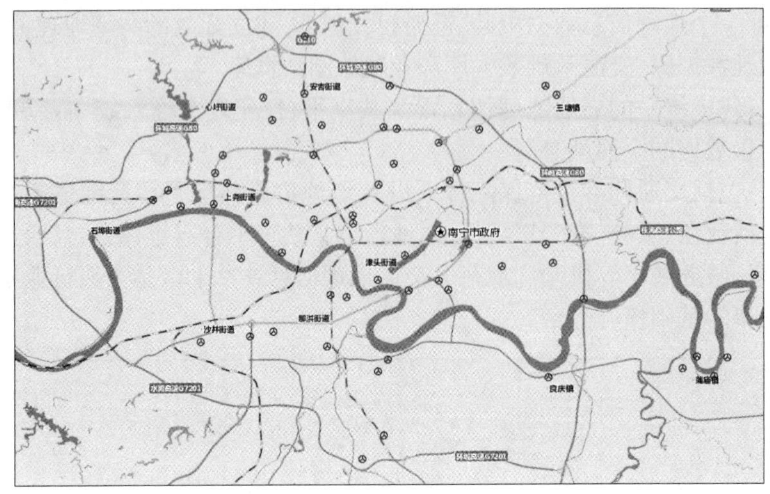

图 3-2-3　公交场站数据库

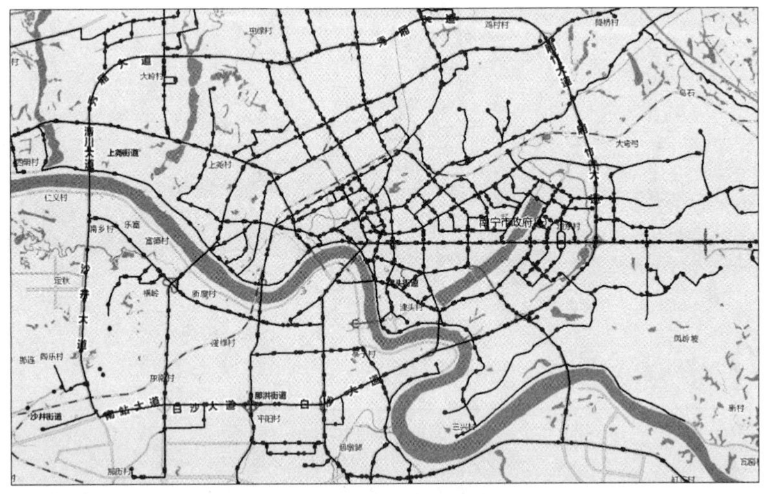

图 3-2-4　公交线路与站点数据库

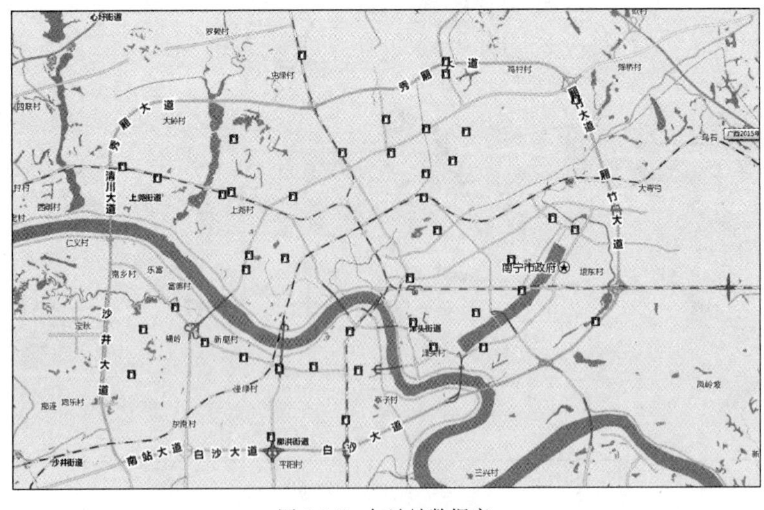

图 3-2-5　加油站数据库

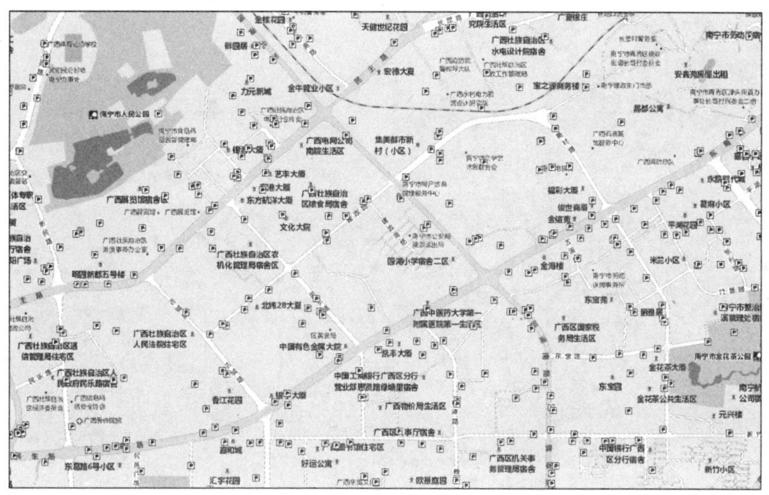

图 3-2-6　停车场数据库

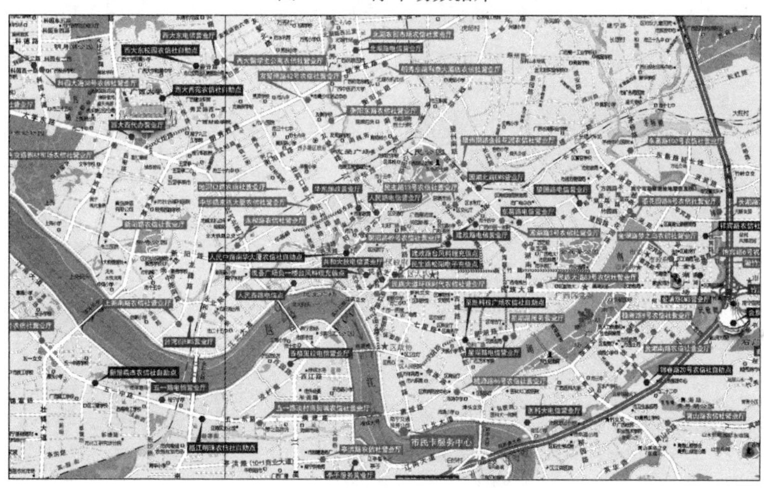

图 3-2-7　市民卡充值点数据库

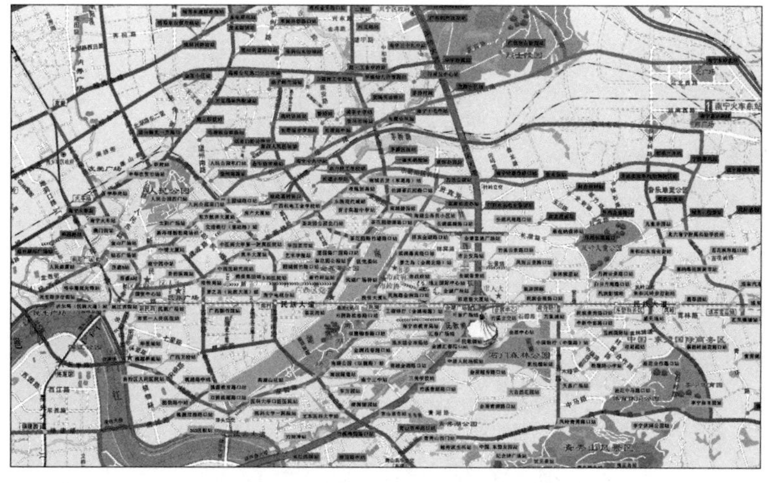

图 3-2-8　公共自行车租赁点数据库

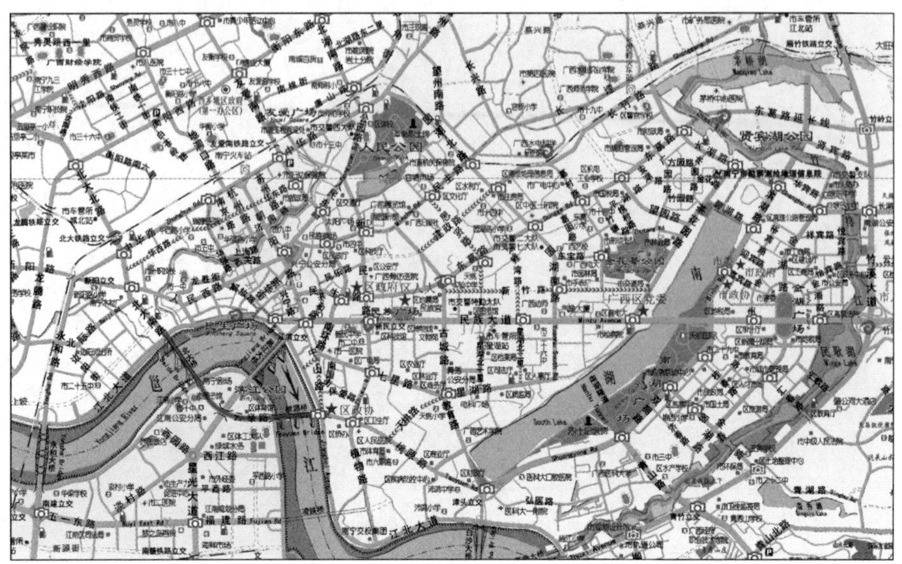

图 3-2-9　交通高清视频监控设施数据库

第三章 南宁市城市公交管理与规划决策支持系统

近年来,随着轿车的增多,面对现代化城市“病”情,南宁市政府部门打出了一系列组合拳:停车费上涨、修路等。然而,从南宁大城市的城市交通现状来看,这些相关举措只是在短时间内有一定的疗效,但并没有从根本上解决南宁市的交通拥堵问题。

为此,交通运输部提出了“公交都市”概念。“公交都市”就是应对小汽车高速增长和交通拥堵所采取的城市战略,而建成“公交都市”示范城市后,近一半的市民可以靠公交、地铁等公共交通工具出行,形成轨道交通和快速公交为骨架,常规公交为主体,出租车为补充,自行车、步行等慢行交通为延伸的一体化都市公交体系。

截至2014年年底,南宁公共汽车车辆总数为2966实台(辆),合计3827标台,公交线路158条,线路总长度约2899公里,中心城区站点500米覆盖率达98%以上,南宁市公交车万人拥有率为13.46标台(市区人口按284.38万人)。前中共中央政治局常委、国务院总理温家宝,中共中央政治局委员、国务院副总理曾培炎分别作出重要批示,要求优先发展城市公共交通,批示指出,优先发展城市公共交通是符合中国实际的城市发展和交通发展的正确战略思想。特别提出推动智能公共交通系统发展。要积极利用高新技术,改造传统的公共交通系统,以信息化为基础,促进乘客、车辆、场站设施以及交通环境等要素之间的良性互动,推动智能公共交通系统建设。建设公共交通线路运行显示系统、多媒体综合查询系统、乘客服务信息系统,使广大乘客能够方便了解公共交通信息,合理安排出行。充分运用信息技术,建立电脑营运管理系统和连接各停车场站的智能终端信息网络,加强对运营车辆的指挥调度,提高运营效率。

第一节 建设目标与内容

南宁市城市公交管理与规划决策支持系统的建设目标为:根据所收集的数据进行深入整合、挖掘,对南宁市交通出行调查数据与GIS地理信息数据进行建模、分析,构建决策原始数据库、开发“南宁市城市公交管理与规划决策支持系统”。系统以地理信息系统GIS为辅助工具,对交通出行数据信息进行科学管理,以提高公交运行效率,满足南宁市交通主管部门和公交公司的管理需求,实现现代化科学管理,为管理者提供公交线网、运力等调整提供决策支持,为南宁市构建“公交都市”提供强有力的信息技术支持。

项目的建设内容有:

(1)完善交通出行基础数据库(包括1:5000基础地理信息数据库、GPS车流信息数据库、公交线网数据库、GIS应用数据库、公交业务管理数据库、出行信息采集数据库等)。

(2)对交通出行基础数据库进行建模、分析,构建决策原始数据库。

(3)开发“南宁市城市公交管理与规划决策支持系统”,编制“南宁市交通出行调查数据建模”与“南宁市城市公交管理与规划决策支持系统”关键技术研究报告，构建数据建模实验局，根据急用先行原则配置设备。

第二节 数据库设计方案

南宁市城市公交管理与规划决策支持系统的数据信息按数据来源可以分为由交通运输局本地产生（或外购），如基础地理信息数据库；和公交公司产生的数据，如 GPS 车流信息数据、出行信息采集数据、公交业务管理数据以及公交线网数据。基础地理信息数据和公交线网数据组成了系统的数据基础，通过建模和分析等手段，形成应用数据库和决策支持信息。数据库之间的组织关系见图 3-3-1。

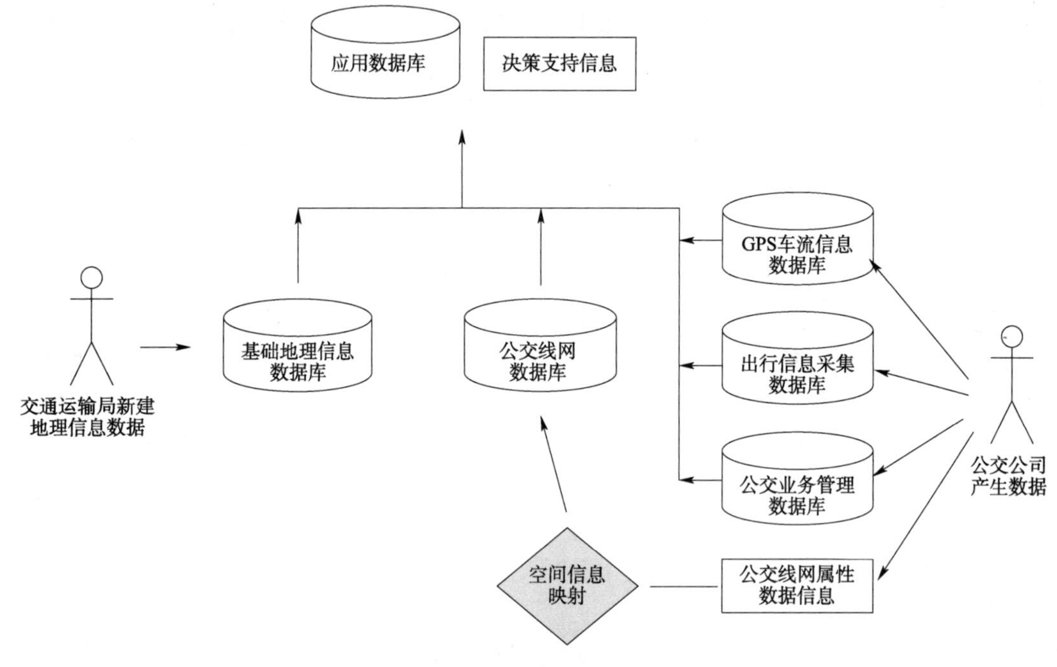

图 3-3-1 数据库组织关系图

数据库的建设方案分别如下：

（1）1∶5 000 GIS 基础地理信息数据库：主要包括线划图数据子库（可以转化为＊.shp 的道路、植被、标识、水系、行政区域等数据）、地名数据子库等。

线划图数据字库表 表 3-3-1

序号	大 类	几何类型	数 据 来 源	要 素 类	范 围
1	道路	面	1∶5000 基础地理信息数据库	高速公路、快速路、国道、高架桥_高速公路、高架桥_快速路、高架桥_主干道、高架桥_次要道路、主干道、次要道路、支道、地下隧道	南宁市六城区
		线	1∶5000 基础地理信息数据库	省道、县乡道路、轻轨线、双线铁路、单线铁路	南宁市六城区

续上表

序号	大 类	几何类型	数 据 来 源	要 素 类	范 围
2	植被	面	1:5 000 基础地理信息数据库、应用数据库	植被面	南宁市六城区
3	水系	面	1:5 000 基础地理信息数据库、应用数据库	水系面	南宁市六城区
4	建筑	面	1:5 000 基础地理信息数据库	房屋面	高速环以内（约 460km^2）
5	注记	点	应用数据库	乡注记、镇注记	南宁市六城区
6	行政区划	面	应用数据库	六城区行政分划图	南宁市六城区

GIS 基础数据属性表 表 3-3-2

要 素 类	属 性 字 段	要 素 类	属 性 字 段
高速公路	名称	单线铁路	名称
快速路	名称、长宽	植被面	名称
国道	名称	水系面	名称
高架桥_高速公路	名称	房屋面	
高架桥_快速路	名称	乡注记、镇注记	名称
高架桥_主干道	名称	六城区行政分划图	名称
高架桥_次要道路	名称	机关单位	名称、地址等
主干道	名称、长宽	公司企业	名称、地址等
次要道路	名称、长宽	公共服务	名称、地址等
支道	名称、长宽	金融服务	名称、地址等
地下隧道	名称、长宽	教育培训	名称、地址等
省道	名称	医疗保健	名称、地址等
县乡道路	名称	公交线路	名称、长度、营业时间、票价
轻轨线	名称	公交站点	名称、上下站
双线铁路	名称		

（2）GPS 车流信息数据库：主要是从机动车船安全监控与调度系统提取的“出租车 GPS 车流信息”，构建供出众出行及公交线网规划的车流信息数据库。该库主要收集与转换主要道路各时段单向、双向的车流时速度、通行能力、自由流行驶时间等数据。

（3）公交线网数据库：主要包括公交基础路网数据、路网节点数据、公交线路数据、公交站点等。

（4）公交业务管理数据库：主要包括出租车、公交车的“人、车、证”的各项审批与管理数据。

（5）应用数据库：主要用于存储规划软件生成的信息数据。

（6）出行信息采集数据库：主要用于处理（通过 ARCGIS 软件进行数据处理）及储存采集

而来或相关部门提供的各项数据。

(7)政策分析数据库:主要用于搜集、存储现有与交通运输行业有关的政策、法规。

(8)情报研究数据库:主要用于搜集交通运输管理、交通活动、公众出行等相关情报。

数据库系统的建设是整个项目建设的难点,而数据库系统建设的难点是出行信息采集数据库与1:5000 GIS基础地理信息数据库。这两个数据库都采用多尺度空间数据组织数据库技术、多源地图数据数学基础统一处理技术(大地坐标系的统一和地图投影变换,以及在不明数学基础的前提下,利用数值方法建立高精度几何纠正模型,地理空间信息几何精度以及位置的配准)、矢量空间数据语义转换匹配技术(不同地理信息分类标准下地理信息之间分类分级的综合,以及编码和属性描述之间的转换)、空间关系的一致性处理技术(不同几何模型地图数据,特别是几何数据之间的转换与融合。同时,对于地理信息数据库的更新还需要研究拓扑关系的局部更新处理)、多时相数据变化处理技术(利用新技术对交通地理信息进行更新)。

第四章 南宁市轨道交通安全风险管理信息系统

轨道交通工程大多为地下工程，具有线长、点多、面广、地质条件与环境条件复杂、风险大、参建单位多、控制链长等特点，随着国内轨道交通工程建设规模的不断扩大，轨道交通工程建设安全生产形势日趋严峻，如何有效控制轨道交通工程建设的技术风险与管理风险，减少工程事故是急待解决的问题。安全风险管理信息系统是一款以第三方监测、施工监测、盾构监测、视频监控、各建设阶段参建各方安全管理信息为基础数据，以政府主管部门、建设单位及各参建单位为服务对象，利用风险评估方法、预警模型、专家研判等技术手段，实现工程的安全预警、响应与消警的闭环管理，实现建设单位对参建各方安全管理工作的远程监督、考核与责任追溯的软件产品。通过本产品的应用，将实现对轨道交通工程建设海量安全管理信息的远程传送、集中共享与协同处置，从而实现工程建设安全管理的标准化、规范化与信息化。

南宁轨道交通 1 号线一期工程（土建）安全风险管理信息系统（图 3-4-1）在安全预警、响应与安全信息的管理上融合了 GIS（地理信息系统），实现了对线网工点分布以及安全状态和各标段工点安全信息的直观展示。项目采用的地理信息底图是根据广西城市交通地理信息标准化应用研究提出的城市交通地理信息分类原则、方法和标准进行建设的，在较短时间里交换和编辑处理了大量的城市交通地理信息数据，为南宁市轨道交通安全风险信息管理系统提供了基础数据支撑。

图 3-4-1　南宁轨道交通安全风险管理信息系统图

第五章　南宁便民交通 APP 软件系统

南宁市官方版打车软件“南宁便民交通”APP 软件(图 3-5-1)是基于信息化建设成果推出的一款公共交通官方手机软件。该软件集打出租汽车、实时公交查询、实时路况查询、驾培服务、五大汽车站车票查询等 4 项功能于一体,甚至可以用二维码来识别出租车是否为黑车,平台采用的交通地理信息数据库根据广西城市交通地理信息标准化应用研究提出的城市交通地理信息分类原则、方法和标准来进行建设,在较短时间里交换和编辑处理了大量的城市交通地理信息数据,为公交查询、出行规划、市民卡分布等提供了基础支撑,贴近实际需要。

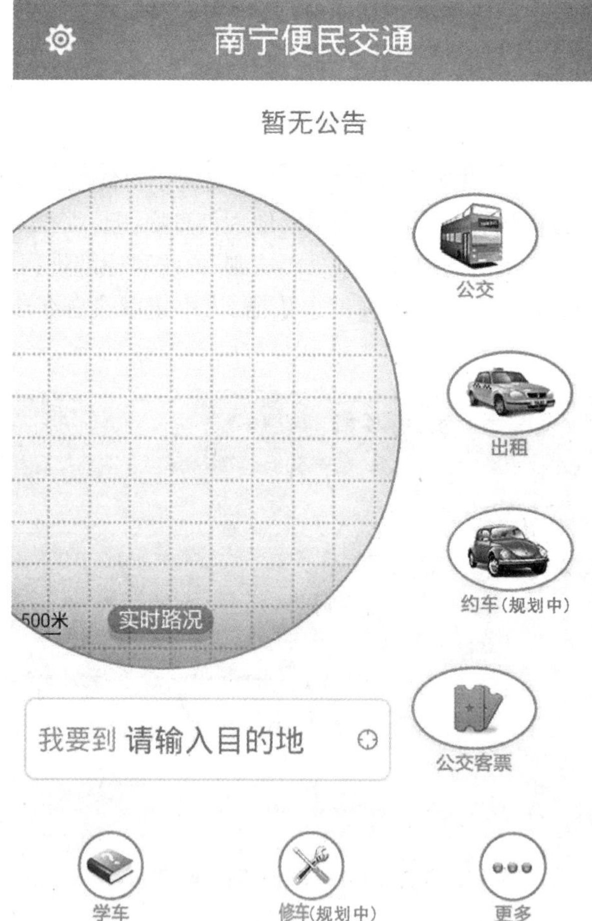

图 3-5-1　南宁便民交通 APP 软件系统图

第六章　南宁市“交通一卡通”系统

随着南宁市经济社会的快速发展，市民日常交通出行方式变得更加丰富多彩，城际铁路、轨道交通、快速公交、城乡公交一体化、小型公交等都会相继加入城市公共交通行列。交通形式的多元化需要有统一的结算方式来管理。我国其他先进城市已经根据自己城市的特点，采取不同的形式在推行电子卡结算方式和一卡多用的支付平台。而目前南宁市仅在公交线路推行公交 IC 卡，已经不能满足市民用卡的需求，建设“交通一卡通”系统被提到议程上来。“交通一卡通”系统的建设，不但能够解决公交、出租汽车、轨道交通及小额消费的统一刷卡问题，还具备收集城市交通断面信息的功能，便于政府能够科学规划和统筹管理整个城市交通系统；同时“交通一卡通”还可以整合社会零散资本，对政府的融资具有积极的作用。

目前南宁市交通运输局根据南宁市人民政府(〔2011〕69 号)工作会议纪要明确“将‘交通一卡通’纳入市民卡工程项目，分阶段推进市民卡建设”的相关精神，采用“交通一卡通”项目先行模式部署南宁市“交通一卡通”的建设工作。由于“交通一卡通”项目涉及部门及人群广，社会影响力大，属于“便民利民”的重大民心工程。

为了全面提高南宁市公共交通体系的服务效率和管理水平，发展智能化公共交通系统，推进建立现代化公共交通体系，迫切的需要建立一套覆盖全市公交行业甚至交通领域的综合信息管理系统，通过技术手段获取全市居民出行信息以及各种交通信息来满足城市交通规划和管理的技术要求。

南宁市市民卡一期工程已于 2013 年正式启动，年底实现发卡功能，2014 年底预计发卡 100 万张，发卡具有乘公交车、身份识别以及银联卡的借记服务等服务功能，之后将陆续加载出租汽车、地铁刷卡支付，水、电、煤气支付等多种功能。至 2014 年 4 月，南宁市公交总公司、白马公交公司、中巴公交公司、超大公交公司、诚运鑫客运公司、邕宁公交公司等 6 家公交企业的公交车辆均已安装了全新的市民卡刷卡机具，共计 152 条公交线路、2880 辆公交车，市民卡基本实现“一卡在手，公交通行”的功能。

在市民卡的系统平台基本建成的背景下，目前交通领域还停留在部门分块管理、各自为战的局面。各部门之间缺乏信息互通、单一等缺陷，已经逐渐不适应城市快速发展带来的交通需求。在系统平台硬件设施建设完善的基础上，逐步建设开发平台应用功能实现政府管理职能、对交通行业实现信息互通、信息分析、信息统计等功能，更好地为社会公共服务提供完善的管理和功能的要求已经提到议事日程上，“交通一卡通”的应用研究已经被推到实施阶段的日程安排上来。

南宁市“交通一卡通”系统以地理信息系统(GIS)为操作平台，对市内营运的公交车辆、出租车、轨道等公共交通工具进行实时信息采集和监控，系统采用广西城市交通地理信息标准研究成果对所采集的数据进行整合、分析，建库，为监管部门业务管理、政府决策分析提供了数据标准支持，为实现广西一卡通乃至全国互联互通的应用拓展做好技术上准备。

图 3-6-1　南宁市民一卡通系统图

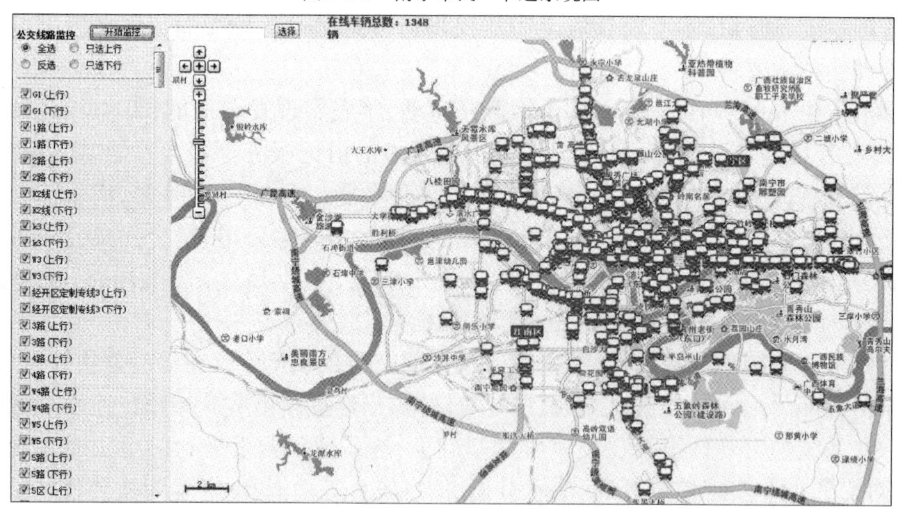

图 3-6-2　南宁公共交通实时信息采集与监控

第七章　结论与建议

交通地理信息系统是地理信息系统理论和技术的重要分支,作为研究现代城市交通问题的有效技术手段,交通地理信息系统不但可以存储、管理和更新城市交通网络的空间数据,辅助城市交通路线规划和交通管理;而且,更重要的是,通过与 GPS 技术、无线通信、互联网和虚拟现实等高新技术有机结合,在地理信息系统的数据操作机空间分析技术的辅助下,可以建立广泛的实时数字交通信息用户服务体系,实现全数字化交通信息的存储、检索、动态分析和实时发布,为城市交通管理、车辆的人工及智能导航、客货运输调度及居民出行服务等提供有效支持。

交通地理信息系统的有效运行离不开交通地理信息的支撑。目前,交通地理信息的分类、采集、数据库建设没有相应国家标准文件规范的支持,导致各部门、单位根据各自业务需求,进行数据采集和数据管理,形成所谓的"信息孤岛",导致数据采集效率低下,形成重复投资,数据资源不能得到充分、有效的利用。通过制定广西城市交通地理信息标准,统一相关技术标准,从而对数据采集、管理进行约束,从而节约资源,实现数据共享,促进了资源的充分利用,此项目的有效实施必将推动广西交通行业的信息化水平,有力推动广西交通地理信息行业的发展。

建议本系列标准作为推荐性标准。随着城市的快速发展,城市交通系统的日益完善,交通的管理与地理数据采集的要求越来越多,制定科学合理的强制性标准需要大量的试验、统计和分析,目前尚不具备这样的条件。本标准作为广西城市交通地理信息数据采集、整理、更新、管理、建库、共享与交换和产品开发的约束文件,在编制过程中,充分吸收了相关的现行法律、法规和强制性国家标准,与既有法律、法规及标准体系不存在冲突。在尊重现行法律、法规和强制性国家标准的同时,充分吸收其相关精髓,使之更切合城市交通地理信息系统的要求,期望在生产实践中进一步完善,以利于标准的更新。

第四部分

展　望

当今世界，信息技术发展突飞猛进，引发社会生产方式的深刻变革。世界级的城市除具有全球性的金融中心与贸易中心、拥有强大的软实力优势、雄厚的经济基础、以生产性服务业为主导的产业结构等特征外，往往同时是世界重要的交通和物流枢纽中心。具有先进的城市基础设施体系，如国际化的空港体系、国际化港口体系及先进的城市交通体系等。城市间的竞争已体现为枢纽地位的竞争，具体表现为：体系与体系、功能与功能、体制与体制、机制与机制、产业与产业、人才与人才之间的竞争。在此背景下，国际城市都非常重视体系的建设，透过打造全球领先的金融贸易体系、交通运输体系、科技创新体系、教育卫生体系、绿色环保体系等体系来实现城市功能定位，支撑其核心竞争力，适应全球性竞争。体系建设的特征是运用系统工程思想，将体系内的多个方面和要素作为一个整体，强化要素整合和外部关联，形成这一领域的集成优势和功能优势。

交通运输发展也逐渐向一体化的交通运输体系方向靠拢，发展方向由原来粗放无序、满足基本交通需求、单一方式运输、行业独立发展向集约有序、高品质人性化的交通运输服务、多运输方式联运、与土地开发和城市空间等统筹协调发展方向转变。交通运输行业的发展在软硬件并举的基础上进行注重整体最优的体系建设，从“点、线、面、体、质”五个层面，最大限度发挥体系的集成优势和组合效率，达到多种交通要素的相互匹配，多种交通方式的无缝衔接，多个运营主体的默契协同，交通资源的充分共享，从而实现社会的交通成本、物流成本最低和服务的最优。

根据《公路水路交通运输信息化十二五发展规划》和《南宁市工业和信息化发展“十二五”规划》的文件精神，南宁市政府高度重视南宁交通运输信息化的建设发展。近年来，南宁市交通运输行业对加快信息化发展，以信息化促进交通运输的发展理念已取得共识，“十一五”至“十二五”期间，南宁市交通运输局进一步加大信息化建设投入，加强信息化项目的开发和应用，积极推进系统整合，采用信息化手段推进管理和服务的创新，交通运输信息化建设和应用水平进一步加快，为提高交通运输行业管理和服务水平，促进现代交通运输业的发展发挥了积极作用。国家“十三五”规划提出了“创新、协调、绿色、开放、共享”的发展理念，随着国家“四个全面”战略、“一带一路”战略和赋予广西三大定位，以及广西深入实施双核驱动的战略，南宁市将在打造中国—东盟自由贸易区升级版、面向东盟的国际大通道、西南中南地区开放发展新的战略支点，形成21世纪海上丝绸之路和丝绸之路经济带有机衔接的重要门户、贯通西南经济区、华南经济区和东盟经济圈等方面发挥重要的桥梁和纽带作用。南宁市也将加快构建开放合作的城市发展新格局，围绕五大发展理念，建设面向中国—东盟合作、连接粤港澳和西南中南地区、引领北部湾城市群一体化的区域性国际化、立体综合交通枢纽城市。

随着政府、企业、公众对信息的需求程度和依赖程度逐渐增加，当前信息化发展现状无法满足三类需求主体对数据和信息的需求。迫切需要结合南宁市交通运输行业情况，构建集数据采集、传输、存储、处理、发布、备份功能于一体，具有数据更新维护机制的数据平台，来对数据资源进行整合，完善信息共享机制实现信息共享，整合信息系统实现高效数据交换；同时提高提高信息的利用能力，为数据的深度挖掘提供支持。数据中心主要是用以所收集、整理、加工、传递和利用的一切具有社会性、可证性、可信性、时效性等特征的信息，这些信息是行政管理工作的基础，是提高政府监管能力、提高政府公共服务能力的工具。为了对南宁交通运输信息资源进行科学的分析和归类，实现各数据使用部门的信息共享、规划及应用，需要构建一个统一、完善、标准的数据中心，建设基于地理空间框架的广西交通资源整合和集成，需要构建地理信息空间框架数据库群和服务平台，实现基础地理、遥感影像、地名地址信息的共享，避免重复建设造成的浪费。以空间框架地理信息为空间基准，逐步叠加各种专业的信息，如交通建设管理信息、公路水路建设项目进度信息、建设项目投资完成状况信息、收费公路信息、公路沿线基础设施信息、公路行政等级信息、公路养护信息、公路通行状况信息、桥梁隧道基础设施信息、公路交通量信息、航道信息、港口信息、航标信息、水运信息，乃至人口和企业等经济社会要素的空间分布信息，逐步实现自然资源、基础设施、经济和社会信息的区域数字化全覆盖。

充分利用交通系统以前的各种普查和调查手段来逐步完成数据的资源的整合与集成，如农村公路普查。充分利用和挖掘这些数据资源，为政府、企业管理与决策服务，为公众服务，通过有效的技术手段加以共享、表达和应用。

利用地理信息技术将落实到地理空间上的各种信息以可视化图层的形式展示，通过不同要素图层的叠加，实现各种信息的可视化融合，并以电子地图方式实现信息共享和关联信息的查询、检索和分析，从而形成"一张图"的信息资源整合与共享模式。

第五部分

相关文件

第一章　单位用户证明

城市交通地理信息标准化应用证明

广西城市交通地理信息标准化项目研究提出的广西城市交通地理信息分类原则、方法和标准,在南宁市公路运输枢纽组织管理中心信息系统一期工程信息化项目中已经进行实际应用,目前正在科学合理地进行南宁公交管理、公交评估、公交规划与客流量预测,贴近实际需要。在交通地理信息整理、数据交换和编辑建库过程中反映出快捷适用的特点,在较短时间里交换和编辑处理了大量的城市交通地理信息数据,构建了南宁市交通地理数据库,为南宁市公路运输枢纽组织管理中心信息系统指挥平台提供了基础支撑。

南宁市交通运输局
2014 年 12 月 29 日

关于南宁便民交通APP软件系统项目应用广西城市交通地理信息标准化研究成果的证明

南宁便民交通APP软件是我局基于信息化建设成果推出的一款便民的交通运输官方手机软件，软件采用的交通地理信息数据库是根据广西城市交通地理信息标准化应用研究成果所提出的城市交通地理信息分类原则、分类方法、分类标准等进行建设，有效交换和编辑处理了大量的城市交通地理信息数据，为公交查询、打车、出行规划、市民卡公布等提供了基础支撑，满足了便民交通需要，实际应用效果显著。

特此证明。

南宁市交通运输局

2015年10月26日

城市交通地理信息标准化应用证明

南宁市轨道交通安全风险信息管理系统在安全预警、响应与安全信息的管理上融合了 GIS(地理信息系统),实现了对线网工点分布以及安全状态和各标段工点安全信息的直观展示。项目采用的地理信息底图根据广西城市交通地理信息标准化应用研究提出的城市交通地理信息分类原则、方法和标准来进行建设,在较短时间里交换和编辑处理了大量的城市交通地理信息数据,为南宁市轨道交通安全风险信息管理系统提供了基础数据支撑。

南宁轨道交通集团有限责任公司
2014 年 12 月 23 日

城市交通地理信息标准化应用证明

等车车软件是我公司开发的集实时公交、出行规划、定位打的、车票查询、路况信息等功能于一体的移动信息平台，平台采用的交通地理信息数据库根据广西城市交通地理信息标准化应用研究提出的城市交通地理信息分类原则、方法及标准来进行建设，该软件在较短时间里交换和编辑处理了大量的城市交通地理信息数据，为公交查询、出行规划、市民卡分布等提供了基础支撑，贴近实际需要。

广西综讯科技有限公司
2014 年 12 月 28 日

城市交通地理信息标准化应用证明

南宁市交通一卡通系统以地理信息系统(GIS)为操作平台,对市内营运的公交、出租汽车、轨道交通等交通工具进行实时信息采集和监控,我公司采用由南宁市交通运输局牵头组织编制的广西城市交通地理信息标准研究最新成果,进行对所采集的数据进行整合、分析、建库,为行业监管部门业务管理、政府决策分析提供了数据标准支持,应用效果显著,为实现南宁、广西北部湾经济区及全区一卡通,乃至全国范围的互联互通应用拓展奠定了基础。

南宁市市民卡信息服务有限责任公司
2014 年 12 月 29 日

第二章 发表的相关论文

第一节 广西城市交通地理信息分类标准研究

广西城市交通地理信息分类标准研究

梁展凡[1],晏明星[2],韦海和[3]

(1. 南宁市交通运输局,广西南宁 530022; 2. 南宁市勘察测绘地理信息院,广西南宁 530022; 3. 南宁市交通运输信息管理中心,广西南宁 530022)

摘要:为了满足交通地理信息系统应用需求,在分析现有城市道路交通管理地理信息分类相关规范标准的基础上,提出广西城市交通地理信息分类原则、方法和标准,并且在南宁市公交管理与规划决策支持系统中进行应用实践。

关键词:城市交通;地理信息;原则;分类;标准

Discussing on the Classification of Guanxi Urban Traffic Geographic Information

Liang Zhanfan[1], Yan Mingxing[2], Wei Haihe[3]

(1. Nanning Survey Institute, Nanning, Guangxi, 530022, China; 2. Nanning Communication Bureau, Nanning, Guangxi, 530022, China; 3. Nanning Transport Information Management Center, Nanning, Guangxi, 530022, China)

Abstract: From the traffic geographic information perspective of application requirements, Expounder the meaning of classification of Urban Traffic Geographic information, on the analysis of the relevant standards, proposed the principle and standard of classification of Urban Traffic Geographic Information, Urban Traffic Geographic Information classification scheme was proposed, and the figure of Nanning public traffic management and planning system application in practice.

Key words: urban traffic, geographic information, principle, classification, standard

建立城市交通基础信息数据库是快速获取信息的一种有效的手段,它不仅可以全面提高交通规划的效率,而且还能提高交通规划的决策能力和服务水平。随着城市的快速发展,城市交通系统的日益完善,交通管理要求越来越高,交通数据采集要求越来越多,一方面交通数据采集的范围、广度和深度急剧增加，随着智能交通系统建设规模的不断扩大，正在形成以微波、线圈、GPS、车牌等交通流检测数据，交通监控视频数据，以及系统数据和服务数据等为主体的海量交通数据。另一方面，对动静态海量交通数据的挖掘分析成为智能化交通信息处理分析的核心内容，交通数据的深层价值有待进一步的挖掘和开发。根据调查，韩国3G手机上的服务中，有50%以上的服务与交通有关，包括实时道路交通信息、地铁和公交信息、火车和飞机班次动态信息、换乘信息、与汽车服务有关的信息等[1]。以智能终端为服务窗口的、以云计算和大数据分析技术为支撑的智能交通信息服务正在逐步成为主流，与我们的生活息息相关。

交通地理信息系统顺应需求，在今天的交通运输系统中扮演着重要角色，无论从交通规划、设计、管理、运营、维修、出行服务到应急反应均须依赖交通地理信息系统，交通地理信息系统的有效运行离不开交通地理信息的支撑。然而交通数据分散在不同部门，而部门之间又缺乏开放互通，造成了交通数据资源条块化分割和信息碎片化等现象。为了方便、快捷地采集、分析和利用交通地理信息，从基本的数据采集处理入手来统一规划，统一标准，开展交通地理信息的分类研究工作有着非常重要的理论意义与实际应用价值。

为规范交通地理信息系统的数据信息采集，便于实现数据共享，促进资源充分利用，促进广西交通行业信息化水平，提高公路交通管理的效率。2013年7月至2014年7月，我们在整理交通单位业务需求，收集整理国内外相关资料，总结现有经验和研究成果的基础上，赴北京、武汉等国内先进城市开展调研，咨询地理信息和交通行业专家，参考与城市道路交通管理地理信息分类相关的4个标准规范[2-5]，提出广西城市交通地理信息分类的原则、方法和标准，并在南宁市公交管理与规划决策支持系统中进行实际应用，构建了南宁市公交信息数据库，为南宁市城市公交管理与规划决策提供了基础支撑。

1 城市交通管理地理信息分类的相关标准分析

对与城市道路的交通管理地理信息分类相关的4个标准规范《交通管理地理信息实体标识编码规则：城市道路》(GB/T 21381—2008)《交通管理信息属性分类与编码：城市道路》(GB/T 21379—2008)、《道路交通信息服务：信息分类与编码》(GB/T 21394—2008)、《道路交通信息采集：信息分类与编码》(GB/T 20133—2006)进行分析。

GB/T 21381—2008标准将城市交通管理地理信息实体分为路段、道路交叉口、交通设施和重点单位，重点考虑城市道路上交通管理的地理信息实体。通过分析，城市道路上地理信息实体分类方法可以作为参考，但是没有考虑作为交通地理信息系统需要的基础地理信息、公共交通等，覆盖面有限。

GB/T 21379—2008标准按交通管理地理信息实体的属性和特征将城市交通管理地理信息实体分为路段、道路交叉口、交通设施和重点单位，路段按交通管理属性又细分了功能属性、技术等级、行政等级、质地、结构、走向、主辅和管理方法，道路交叉口按管理属性分为形式、控制方式和信号控制智能度，重点单位分为党政机关、企事业单位、新闻机构、文化场所、医疗卫生、教育单位、体育场所、科研院所等21类。广西城市交通地理信息分类中的重点单位分类可以参考该标准。但是该标准的路段、交叉口等分类过细，分类过细会增加数据录入的工作量，降低信息查询统计的效率，所以我们在实际应用中要根据实际情况做适当地调整，避免过细影响效率的同时又不能分类过粗，避免影响地理信息系统空间分析的深度。

GB/T 21394—2008 标准按业务属性或特征将道路交通信息服务信息分为道路条件信息、道路交通流信息、停车信息、事件信息、环境信息和其他信息，重点考虑城市道路对公众的交通信息服务。广西城市交通地理信息分类，可以将道路交通信息服务信息分类考虑作为交通地理信息系统的动态交通地理信息。

GB/T 20133—2006 标准按业务属性或特征将道路交通信息采集中信息分为道路信息、道路交通设施信息、交通流信息、停车场信息、事件信息、车辆信息、人员信息、环境信息和其他。符合城市道路信息采集的要求。交通地理信息分类具有局限性，广西城市交通地理信息分类，参考其道路交通信息采集的要素，将道路交通采集的信息进行适当综合与取舍。

2 广西城市交通地理信息分类的原则、方法和标准

2.1 交通地理信息分类的原则

通过对标准规范的整合，综合与取舍，以满足广西城市交通地理信息化建设需求，确定以下分类原则：

（1）科学性、系统性。交通基础地理信息参考《基础地理信息分类与编码》，以适应交通应用为目标，对地理要素进行划分。

（2）兼容原则。分类与编码要与现行的国家标准分类与代码体系兼容。

（3）可扩展性。本代码应设置有足够的扩充条目，以便将来增加新的信息时，不致打乱已建立的分类体系。

（4）适用性。在保证地理要素分类科学、系统的同时，充分兼顾交通应用方面的需求。

2.2 交通地理信息分类的方法和标准

根据对交通相关标准的分析并结合提出的分类原则，考虑到广西城市交通地理信息特点，确定以下分类方法及标准（图 5-2-1）：

（1）采用线分类法对交通地理信息进行分类，将交通地理信息按门类、大类、中类和小类划分并构成交通地理信息分类体系。

（2）门类按照数据来源、数据内容、数据应用范围、数据更新维护分工特点划分为基础地理信息、交通公共地理信息、业务专用地理信息。

（3）基础地理信息采用 GB/T 13923—2006 中的分类方法，大类对应 GB/T 13923—2006 中的大类，含水系、居民地及设施、交通、管线、境界与政区、地貌、土质与植被[6]，中类对应其中类，小类对应其小类，不再划分子类。交通公共地理信息按照综合应用要求划分为公共交通、重点单位、城市道路、道路交通设施、动态信息等 5 大类，每一大类又按其不同特点划分为中类和小类。交通业务专用地理信息描述业务单位内部应用反映业务管理特征的地理信息，按照业务种类分为交通内部行政管理、道路养护、路政管理、车辆监管、道路运输等。

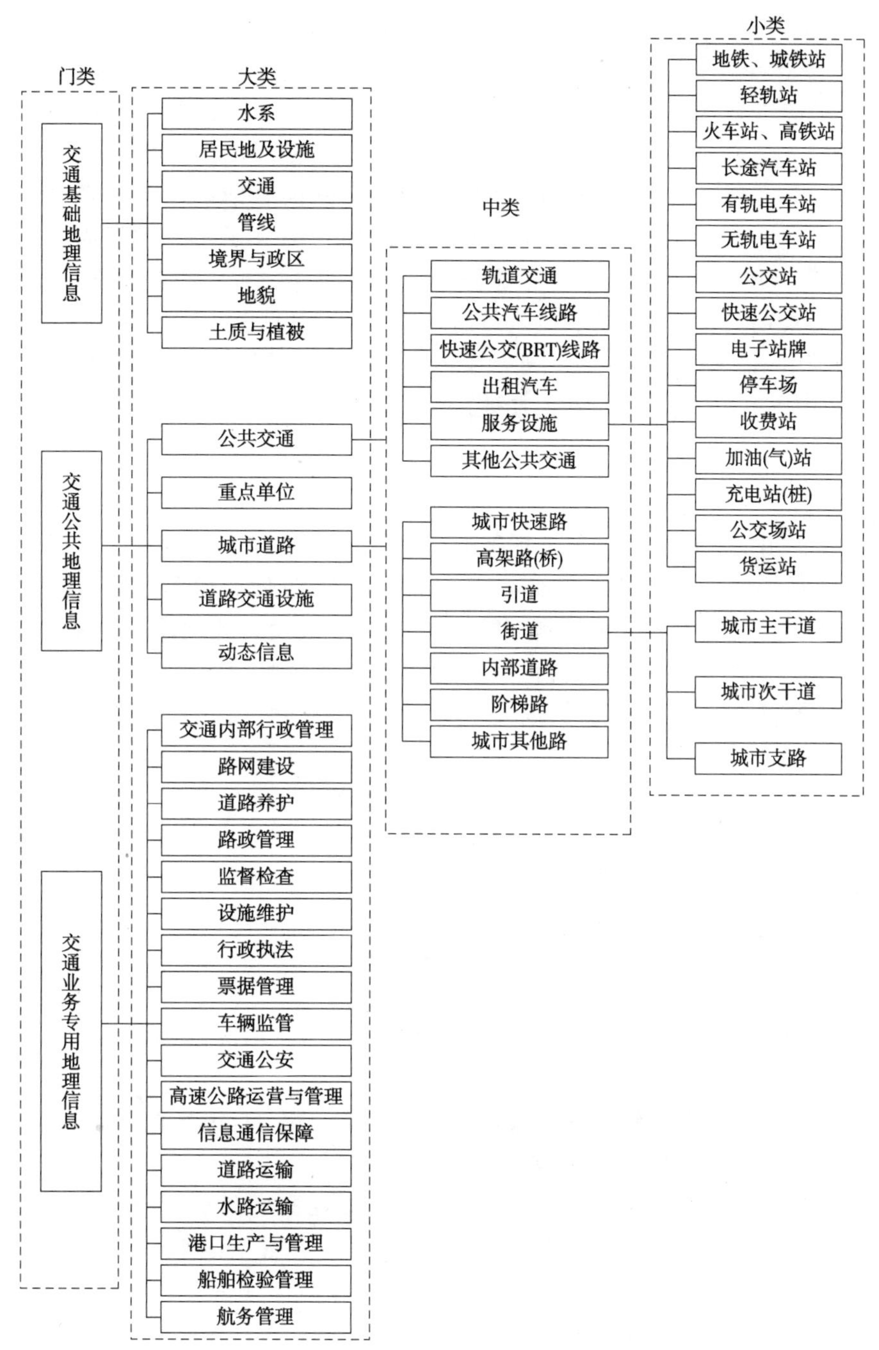

图 5-2-1　广西城市交通地理信息分类框架(局部)

(4)交通地理信息代码由 1 位大写英文字母和 6 位数字组成,其结构如图 5-2-2 所示。图 5-2-2 中,第一位表示门类,用一位大写字母标识:A 为基础地理信息,B 为交通公共地理信息,C 为业务专用地理信息;第二、三位表示大类,用两位数字 00 ~ 99 表示;第四、五位表示中类,用两位数字 00 ~ 99 表示;第六、七位表示小类,用两位数字 00 ~ 99 表示。

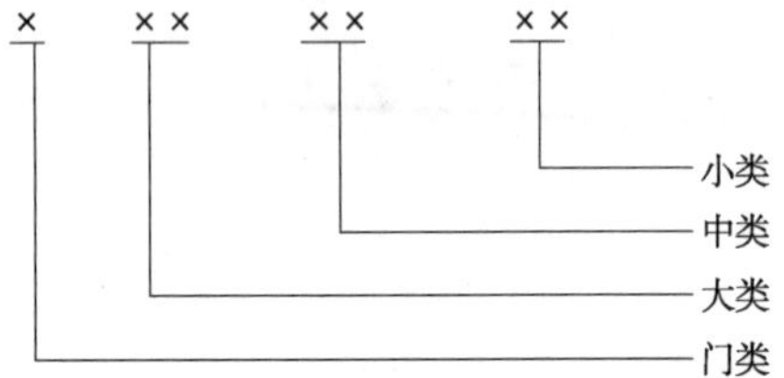

图 5-2-2 交通地理信息编码结构

基础地理信息代码参照 GB/T 13923—2006 进行编制,其中大类码由 GB/T 13923—2006 中的大类码前补 0 组成,中类码由 GB/T 13923—2006 中的中类码前补 0 组成,小类码采用 GB/T 13923—2006 中的小类码,例如基础地理信息中的常年河,GB/T 13923—2006 中的编码为 210100,在本标准中编码为 A020101。交通业务专用地理信息大类代码参照交通组织机构编制,其中类和小类由各业务部门自行确定。需要在本标准基础上扩充新的交通地理信息时,原则上从本层代码最大值按递减方式进行扩充。对于编码结构的 6、7 位,需要时可扩展位码,以便于在应用过程中分类增加后的便捷扩展。

3 结语

本次研究提出的广西城市交通地理信息分类原则、方法和标准,在南宁市公交管理与规划决策支持系统项目中已经进行实际应用。目前正在科学合理地进行南宁市公交管理、公交评估、公交规划与客流量预测,贴近实际需要。在交通地理信息整理、数据交换和编辑建库过程中反映出快捷适用的特点,在较短时间里交换和编辑处理了大量的城市交通地理信息数据,构建了南宁市公交数据库,为南宁市城市公交管理与规划决策提供了基础支撑。

随着城市的快速发展,城市交通系统的日益完善,城市交通的管理与地理数据采集的要求越来越高,广西城市交通地理信息分类原则、方法和标准还需要不断优化和完善,以适应广西智慧交通发展的应用要求,促进广西城市交通地理信息化建设快速发展。

参考文献

[1] 吴忠泽. 大数据时代:智能交通系统发展面临机遇与挑战[C]. 中国科技网—科技日报,2013. 12.

[2] 中华人民共和国国家标准. GB/T 21381—2008 交通管理地理信息实体标识编码规则:城市道路[S]. 北京:中国标准出版社,2008.

[3] 中华人民共和国国家标准. GB/T 21379—2008 交通管理信息属性分类与编码:城市道路[S]. 北京:中国标准出版社,2008.

[4] 中华人民共和国国家标准. GB/T 21394—2008 道路交通信息服务:信息分类与编码[S]. 北京:中国标准出版社,2008.

[5] 中华人民共和国国家标准. GB/T 20133—2006 道路交通信息采集:信息分类与编码[S] 北京:中国标准出版社,2006.

[6] 中华人民共和国国家标准. GB/T 13923—2006 基础地理信息要素分类与代码[S]. 北京:中国标准出版社,2006.

第二节 广西城市交通地理信息系列标准研究

广西城市交通地理信息系列标准编制研究

晏明星[1],梁展凡[2],韦海和[3]

(1. 南宁市勘察测绘地理信息院,广西 南宁 530022;2. 南宁市交通运输局,广西 南宁 530022; 3. 南宁市交通运输信息管理中心,广西 南宁 530022)

摘要:广西城市交通地理信息标准的研究和制定在广西区内尚属首次。该标准的研究和制定中涉及交通地理信息分类与代码、属性数据结构、数据分层及命名规则、数据组织及数据库命名规则等。对以上问题进行了详细的说明。

关键词:基础标准;城市交通;交通地理信息

Study on Issues Related to a series of Guangxi Urban traffic Geography information Standard

Yan Mingxing[1], Liang Zhanfan[2],Wei Haihe[3]

(1. Nanning Survey Institute, Nanning, 530022; 2. Nanning Communication Bureau, Nanning 530022;3. Nanning Transport Information Management Center)

Abstract: It's the first time to study and proposed on Guangxi Urban Traffic Geographic Information Standard, the standard refers to classification and codes, attribute data structure for traffic geographic information, data classify and naming rule, data organizes and database naming rule for the traffic geographic information. The standard is explained in detail to make further explanation.

Key words: Basic Standard, Urban Traffic, Traffic Geographic information

1 引言

我国正处于工业化、城镇化、信息化不断发展的时期,使得城市交通系统越来越承载着更多的居民日常工作、生活和社会活动的基本设施,承担着城市建设和发展任务,交通运输效率的高低会直接影响经济发展与城市发展速度。城镇化发展方面,我国的城市发展处于成长期和瓶颈期,面临着诸多的交通及城市发展的问题。交通拥堵、交通安全、交通环境污染和交通能耗等问题已引起社会各界的广泛关注。

交通地理信息系统顺应需求,在今日的交通运输系统中扮演着重要角色,为研究现代城市交通问题提供了有效的技术手段。无论从交通规划、设计、管理、运营、维修、出行服务到应急反应均须依赖交通地理信息系统。交通地理信息系统的有效运行离不开交通地理信息的支撑,为了方便、快捷的采集、分析和利用交通地理信息,开展交通地理信息标准化研究工作有着非常重要的理论意义与实际应用价值。

为规范交通地理信息系统的信息集，便于实现数据共享，促进资源充分利用，促进广西交通行业信息化水平，提高公路交通管理的效率，2013 年 7 月，广西壮族自治区交通运输厅下达了 2013 年度广西交通标准化项目计划，项目名称为“地理信息标准化在广西交通领域的应用研究”，项目任务是研究与制定城市交通地理信息分类与代码、属性数据结构、数据分层级命名规则、数据组织及数据库命名规则。2014 年 1 月《广西城市交通地理信息系列标准》项目经自治区质量技术监督局审查批准，并列入 2014 年广西地方标准制定项目。

2 本标准的编制原则

本标准在充分调研的基础上，研究广西城市交通地理信息的特点，考虑交通运输行业的需求，有针对性地进行增加、取舍、综合、分类，为确保编制的标准能够保障规范并引导行业企事业单位做好交通地理信息数据生产、管理、共享与交换工作的需要。经过起草工作组成员讨论认证，确定标准编制遵循下列基本原则。

2.1 科学性原则

分析国内标准体系的现状和特点，结合城市交通地理信息的现状和规划需求，对国内现有的和正在制定的相关地理信息标准、相关公路交通标准进行梳理、归纳和分类，建立科学实用合理的广西城市交通地理信息标准。

2.2 承接性原则

标准术语应与相应国家、国际、行业和地方标准的规定内容相一致，杜绝条文自相矛盾。标准技术内容应与国家、国际、行业和地方标准兼容，防止出现冲突，确保一致性。标准技术内容中引用其他标准时，需明确指出所引用标准内容，增强标准的可读性和可操作性。

2.3 可操作性原则

标准的起草是在充分调研和征求专家意见基础上，广泛同地理信息、公路管理、交通规划等领域的专家交流和研讨，认真分析城市交通地理信息涵盖的内容，标准内容针对性强，可操作性高。

3 本标准编制基础与依据

项目依托南宁市交通运输局“南宁市公路运输枢纽组织管理中心信息系统一期工程项目”。“南宁市公路运输枢纽组织管理中心信息系统一期工程项目”主要是将南宁市公路运输、水路、公路、公交和交通综合类管理五大综合信息平台内容纳入到南宁国家公路运输枢纽组织管理中心信息系统项目中，可实现南宁市公路、水路及城市公共交通等各运输方式间的协调发展，提高交通枢纽的运输效率，促进综合交通运输体系建设发展，有效发挥南宁国家公路运输枢纽组织管理中心的整体运营效应。

总体上看，广西区内没有城市交通地理信息方面的地方标准，国内也没有专门针对城市交通地理信息的标准，但有一些相关标准可以借鉴，但不能完全照搬应用，其中包括《基础地理信息要素分类与代码》(GB/T 21740—2008)、《基础地理信息城市数据库建设规范》(GB/T 21740—2008)、《交通管理信息属性分类与编码 城市道路》(GB/T 21379—2008)、《道路交通信息采集 信息分类与编码》(GB/T 20133—2006)、《道路交通信息服务 信息分类与编码》(GB/T 21394—2008)、《城市警用地理信息分类与代码》(GA/T 491—2004)。

4 主要内容的说明

广西城市交通地理信息系列标准由《城市交通地理信息分类与代码》、《城市交通地理信息属性数据结构》、《城市交通地理信息数据分层及命名规则》、《城市交通地理信息数据组织及数据库命名规则》4 个标准组成。这 4 个标准整体上保持一致性。

4.1 《城市交通地理信息分类与代码》

本标准除前言和参考文献外，共 7 章，即范围、规范性引用文件、术语和定义、分类原则和方法、编码方法、代码表、附录。

(1)关于术语“城市交通”

本标准所描述的术语“城市交通”只适用于本标准。本术语说明了城市标准制定的地域范围应包涵市域范围内的乡、镇、村。本标准明确定义城市交通不仅包含城市市区交通，而是包含城市市域范围，包含城市市区、郊区及乡村的道路(地面、地下、高架、水道、索道等)系统间的公众出行和客货输送。

(2)关于交通地理信息分类

依据分类原则与方法，将交通地理信息划分为基础地理信息、交通公共地理信息、交通业务专用地理信息三大门类。

基础地理信息的划分严格参照 GB/T 13923—2006《基础地理信息要素分类与代码》中的分类方法，分为水系、居民地及设施、交通、管线、境界与政区、地貌、土质与植被，基础地理信息一般作为基础地理要素背景，更新变化频率不高。广西城市交通地理信息系列标准属广西地方标准，城市与城市之间的道路、农村与城市之间的道路参照国家标准，做好标准的衔接，城市市区的道路提取出来划分到交通公共地理信息的大类。基础地理信息分类里的“交通”大类即是城市与城市之间的道路、农村与城市之间的道路，即包括铁路、城际公路、乡村道路、水运设施、航道、空运设施、其他交通设施等，沿用《基础地理信息要素分类与代码》(GB/T 13923—2006)大类对应大类，中类对应其中类，小类对应其小类，不再划分子类。

交通公共地理信息的划分公共交通、重点单位、城市道路、道路交通设施及动态信息五类。交通公共地理信息重点关注城市市区道路相关信息，是一个多个业务部门会共用的交通地理信息。城市交通公共地理信息要考虑的内容除了道路分级外，还重点考虑了重点单位、城市立体交叉、道路单双向通行情况、道路限行、桥梁限重、人行过街天桥限高、地下通道、地铁轻轨以及道路动态信息等内容，在道路分级上分类也更细。

交通业务专用地理信息描述业务单位内部应用反映业务管理特征的地理信息，业务专用地理信息大类代码参照交通组织机构编制，其中类和小类由各业务部门根据具体业务自行确定。

4.2 《城市交通地理信息属性数据结构》

本标准除前言和参考文献外，共 7 章，即范围、规范性引用文件、术语和定义、属性数据项的分类、属性数据项内容、属性数据字段名称的命名原则、交通地理信息属性结构扩展数据项。

（1）关于属性数据项的分类

按照地理实体的自然属性、社会属性将地理实体的属性数据项分为基本属性数据项、扩展属性数据项、业务专用属性数据项。

基本属性数据项指描述地理实体标识特征、几何特征的属性数据项，如地理实体的标识码、线状地理实体的长度等，一般较为固定，并且地理信息系统软件都默认支持。扩展属性数据项指描述地理实体类别特征、说明信息、关系特征的属性数据项，如地理实体的分类代码、名称、类型等，我们重点关注扩展属性，因为它包含了地理实体的特征，说明信息与关系特征，是交通地理信息系统中需要展现的重要属性信息。

业务专用属性数据通常指特定业务部门为了便于管理对象而赋予对象的用于标识其业务特征的数据项，为业务专用部门的管理信息，其确定、编排、精度等由各业务专用部门制定，本标准不做规定。

（2）关于属性结构扩展数据项

对于交通基础地理信息数据重点关注名称、类型等属性，而交通公共地理信息属性则根据要素特点，重点关注内容各有不同，地铁线路、轻轨线路、电车线路、公交线路重点关注线路名称、线路起至、长度、站数、首末时间等，停车场关注名称、车位数量、重点单位关注分类、名称、地址等，道路网重点关注名称、起至、路面宽度、类型、道路限行信息，道路附属设施关注名称、限高，动态交通信息关注发生地址，发生时间等信息。

4.3 《城市交通地理信息数据分层及命名规则》

本标准除前言和参考文献外，共 7 章，即范围、规范性引用文件、数据分层原则、图层命名规则、图层代码编码规则、数据分层及图层命名列表、附录。

（1）关于数据分层

交通地理信息数据分层遵循如下原则：

①按业务应用要求，将交通地理信息划分为若干图层；

②相同逻辑内容的空间信息宜放在一个图层；

③一个图层只有一个空间拓扑特征；

④数据分层可划分到城市交通地理信息分类与代码小类，但对于在门类、大类或小类达到属性项的一致，不需再细分；

⑤逻辑内容相同但地理实体丰富多样或应用需要多种地理实体表示，则采用多个空间拓扑层方式分层。

（2）关于数据空间拓扑

空间拓扑是空间数据的组织方式,基本类型包括点、线、面(多边形)、网格、栅格、格网、三角网、文本标注等。本标准要素空间拓扑根据相应比例尺的空间数据表现进行划分:

①具备点状定位特征和表现宏观特性的地理实体,采用点类型进行描述,例如基础控制点、泉等;

②具备线状特征或在该比例尺下抽象为线状特征的地理实体,采用线类型进行描述,例如公路;

③具备空间区域覆盖特征的地理实体,可以采用面类型进行描述,例如湖泊;

④对于需要在电子地图上描述的社会属性如地名、旅游资源,其信息已经在相应的地理实体中描述,但又需要表示,可以描述为具备点状特性的文本标注类型,例如农村居民点标注;

⑤对于由一系列具有关联关系的节点和线路构建网络,在划分点、线空间拓扑特征的同时应建立其网络拓扑特征,比如公路网络。

4.4 《城市交通地理信息数据组织及数据库命名规则》

本标准对城市交通地理信息空间数据组织及数据库命名规则进行规定。具体对数据的组织结构、存储与管理、数据集的组织及数据库命名规则做了详细的规定。

5 结语

广西城市交通地理信息标准的研究和制定在广西区内尚属首次。借鉴和参考了大量国内上相关成果,归纳定义了交通地理信息分类与代码、属性数据结构、数据分层及命名规则、数据组织及数据库命名规则。由于技术难度较大,其中也必然会有不足之处,期望在生产实践中得到检验,并得到反馈,以利于标准的更新。

参考文献

[1] 赵勇,林辉,沈寓实,等.大数据革命:理论、模式与技术创新[M].北京:电子工业出版社,2014.

[2] 吴忠泽.大数据时代:智能交通系统发展面临机遇与挑战[C].中国科技网—科技日报,2013.12.

[3] 符锌砂,郭云开.交通地理信息系统[M].北京:人民交通出版社,2007.

[4] 李清泉,萧世伦,方志祥,杨必胜,等.交通地理信息系统技术与前沿发展[M].北京:科学出版社,2012.

[5] 中华人民共和国国家标准. GB/T 21381—2008 交通管理地理信息实体标识编码规则 城市道路[S].北京:中国标准出版社,2008.

[6] 中华人民共和国国家标准. GB/T 21379—2008 交通管理信息属性分类与编码 城市道路[S].北京:中国标准出版社,2008.

[7] 中华人民共和国国家标准. GB/T 21394—2008 道路交通信息服务 信息分类与编码

[S]. 北京:中国标准出版社,2008.
[8] 中华人民共和国国家标准. GB/T 20133—2006　道路交通信息采集 信息分类与编码[S]北京:中国标准出版社,2006.
[9] 中华人民共和国国家标准. GB/T 13923—2006　基础地理信息要素分类与代码[S]. 北京:中国标准出版社,2006.
[10] 王少华,卢浩,黄骞,曹嘉. http://iras. lib. whu. edu. cn:8080/rewriter/WF/http/e9f9v-me-mfc-s-9bnl9bm/download/Periodical_dbch2013z1022. aspx 智慧交通系统关键技术研究,测绘与空间地理信息[J],2013(8):88-91.
[11] 于卓,吴志华. 城市规划与管理一体化决策支持系统研究,武汉大学学报:工学版[J],2000(6).
[12] 陆化普. http://iras. lib. whu. edu. cn:8080/rewriter/WF/http/e9f9v-me-mfc-s-9bnl9bm/ download/Periodical_gcyj201401002. aspx 城市智能交通领域新突破的前夜,工程研究—跨学科视野中的工程[J], 2014(1):3-5.

第三节　智慧交通框架下的城市公交管理与规划决策支持系统研究

智慧交通框架下的城市公交管理与规划决策支持系统研究

梁展凡[1],晏明星[2],韦海和[3],严　凯[3]
(1. 南宁市交通运输局,广西 南宁 530022; 2. 南宁市勘察测绘地理信息院,广西 南宁 530022; 3. 南宁市交通运输信息管理中心,广西 南宁 530022)

摘要:在智慧交通框架下,如何充分利用信息化手段,提高公共交通的规划决策和建设管理水平,是亟待解决的一个重大问题。通过整合交通地理信息、公共交通出行信息,建设实现公交查询、评估、规划及客流预测为一体的管理与规划决策支持系统,为城市创建“公交都市”提供强有力的信息技术支持。

关键词:智慧交通;地理信息;公交管理;规划决策

The Research on the Public Transport Management and Panning Decision Assist System Under the framework of Smart Transport

Liang Zhanfan[1], Yan Mingxing[2], Wei Haihe[3], Yan Kai[3]
(1. Nanning Communication Bureau, Nanning 530022; 2. Nanning Survey Institute, Nanning, 530022, 3. Nanning Transport Information Management Center)

Abstract: Under the background of smart transport, how to utilize normalization method and improve the level of public transport management becomes a huge challenge. With integration of transport geographic information and trip information with public transport, develop the Public Transport Management and Panning Decision Assist System, which realize the public transport query, assess, planning and passenger flow forecast, and it's a powerful endorsement of information technological for transit metropolis.

Key words: smart transport, geographic information, public transport management, Panning Decision Assist

1 引言

近年来,电子信息领域的技术发展极其迅速,对智能交通系统发展带来了重大变革。物联网、云计算、大数据、移动互连等技术在交通领域的应用和发展,对智能交通系统的模式、理念产生了巨大影响,从智能交通向智慧交通进一步发展。目前,南宁在营公交车2700多辆,公交线路150多条,线路总长度约2463km,中心城区站点500m覆盖率达90%以上,万人公交车保有量达到15.9台。如何高效地发挥这些公交车的效率,最大限度提高其资源利用效率,这是摆在我们面前的难题。城市公交管理与规划决策支持系统就是以信息化为基础,促进乘客、车辆、场站设施以及交通环境等要素之间的良性互动,推动智能公共交通系统建设,构建一个集地理信息资源、公共交通出行信息资源整合、处理、公交线网和交通出行规划和决策支持等功能的南宁市城市公交管理与规划决策支持系统,实现公交管理、规划、运行情况评价和调整等功能,全面提升南宁市公交运行效率,不断提高公共交通出行比例、吸引力和服务水平。

2 系统特征建设目标

2.1 系统特征

系统具有智慧交通特征,智慧交通是指充分利用新一代信息和通信技术,可感知与可交互的特点,促进交通管理精细化、交通运输一体化、物流服务产业化、出行体验智慧化,实现“智”于管理,“慧”及民生,是一种智慧型综合交通运输系统。智慧交通不同于数字交通的主要特征体现在全面的感知互联、应用与服务更强调以人为本、智能化决策分析。

2.2 系统建设目标

南宁市城市公交管理与规划决策支持系统的建设目标为:根据所收集的数据进行深入整合、挖掘,对南宁市交通出行调查数据与GIS地理信息数据进行建模、分析,构建决策原始数据库、开发“南宁市城市公交管理与规划决策支持系统”。系统以地理信息系统GIS为辅助工具,对交通出行数据信息进行科学管理,以提高公交运行效率,满足南宁市交通主管部门和公交公司的管理需求,实现现代化科学管理,为管理者提供公交线网、运力等调整提供决策支持,为南宁市创建“公交都市”提供强有力的信息技术支持。

3 系统总体框架

南宁市城市公交管理与规划决策支持系统的建设基于南宁市公路运输枢纽组织管理中

心的软硬件平台进行建设,其在南宁公路运输枢纽组织管理中心信息系统的总体结构图中的地位如图5-2-3所示。

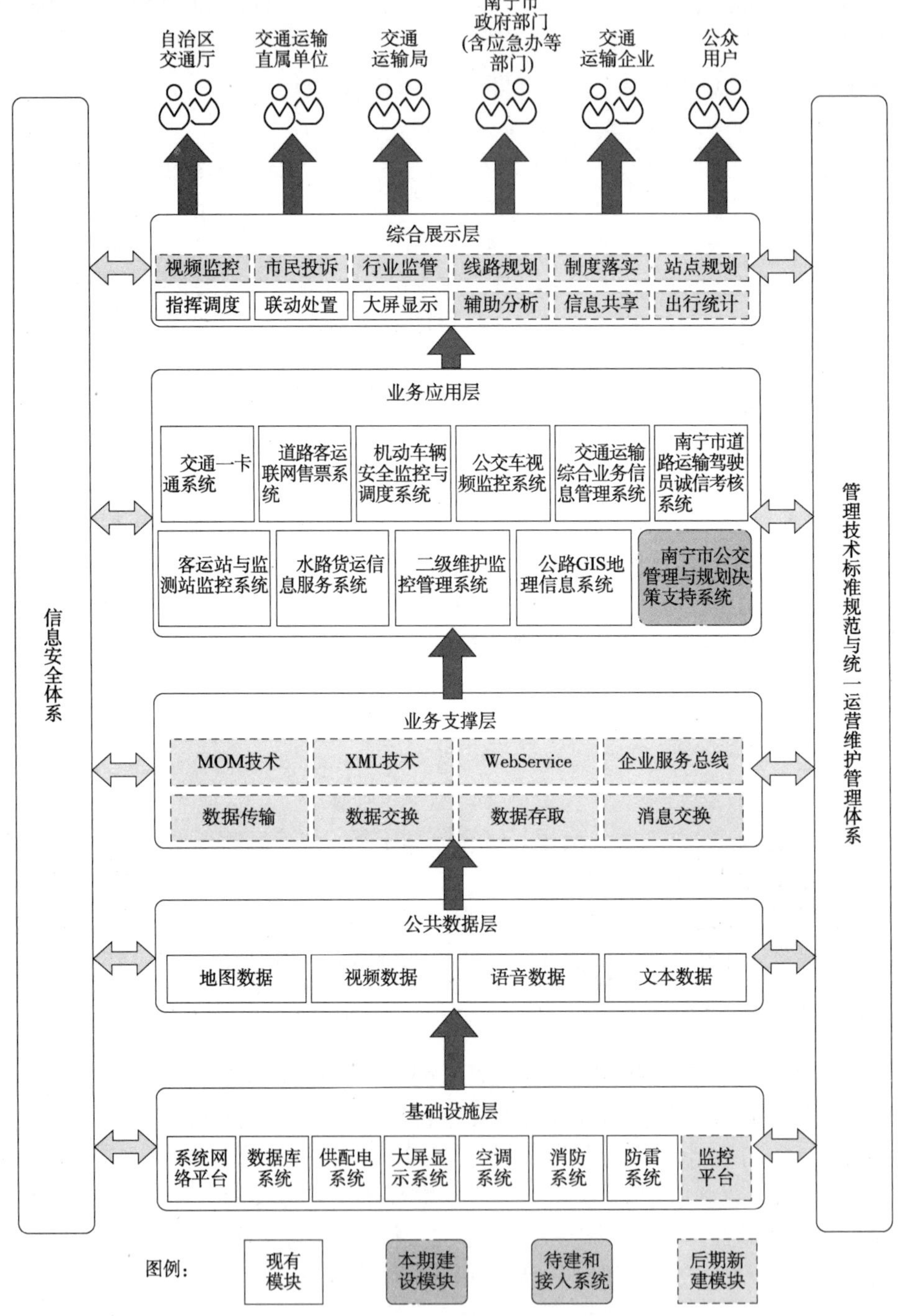

图5-2-3　系统总体结构图

(1)基础设施

基础设施包括系统网络平台、数据库系统、供配电系统、大屏显示系统、空调系统、消防系统、防雷系统和监控平台。基础设施层主要是为信息系统的运行提供必不可少的硬件基础设施。

(2)公共数据层

公共数据层主要是建立以地图数据、视频数据、语音数据和文本数据为主的数据库体系,规划、整合信息资源,形成基础的业务数据库。

(3)业务支撑层

业务支撑层基于N层体系架构,以MOM、XML、WebService、数据传输、数据交换、数据存取和消息交换等通讯和计算机中间件技术为核心,采用浏览器/服务器(B/S)、客户端/服务器(C/S)应用模式进行建设和开发的技术平台,提供协同办公、统一权限管理、统一工作流程定义等内部公共功能的业务平台。

应用支撑部分基于面向服务的技术构架(Service-Oriented Architecture,SOA),选择合适的平台建立集成业务过程和服务组件平台来支撑业务应用。主要包含数据交换平台、系统管理平台、安全平台以及决策支持平台等。

(4)业务应用层

本期业务应用层主要涉及南宁市城市公交管理与规划决策支持系统。

(5)综合展示层

综合展示层主要是利用业务应用层各业务系统产生的数据,经过辅助分析等技术手段,通过大屏幕系统或者其他终端系统,向自治区交通各运输厅、交通运输局直属单位、交通运输局、南宁市其他相关政府部门、交通运输企业及社会公众等用户进行指挥调度、联动处置、视频监控、行业监管、市民投诉、线路规划、站点规划、财政补贴制度落实及出行统计等信息的展示

4 应用系统设计

"南宁市城市公交管理与规划决策支持系统"是规划数据的顶层处理系统,该系统主要通过采集已处理的交通出行数据与属性数据,调用、类比南宁市交通运输综合业务管理平台的公交管理数据与GIS平台的地理空间数据,为公交路网与线网规划提供辅助决策功能。此外,系统还包括:数据智能动态加载、数据分层分类存储、数据删除及更新操作、无效数据的自动纠错、数据维护日志、数据的统计,数据的计算、底层数据向管理数据的转换、线网的优化管理、线路的属性管理等功能。系统的构成如图5-2-4所示:

(1)管理查询模块

管理查询模块主要由系统管理模块、数据管理模块和公交查询模块等3个模块构成,各模块的功能如下:

• 系统管理模块:采用分层管理的模式,权限明细,不同的用户具有不同的权限;

• 数据管理模块:实现对公交线网、站点、道路网、交通小区等GIS数据的维护、更新,保证数据的时效性;

• 运营管理模块:实现对企业交通违章、乘客投诉、运营收益、运力、客流等运营管理数据进行维护、更新、查询和统计;

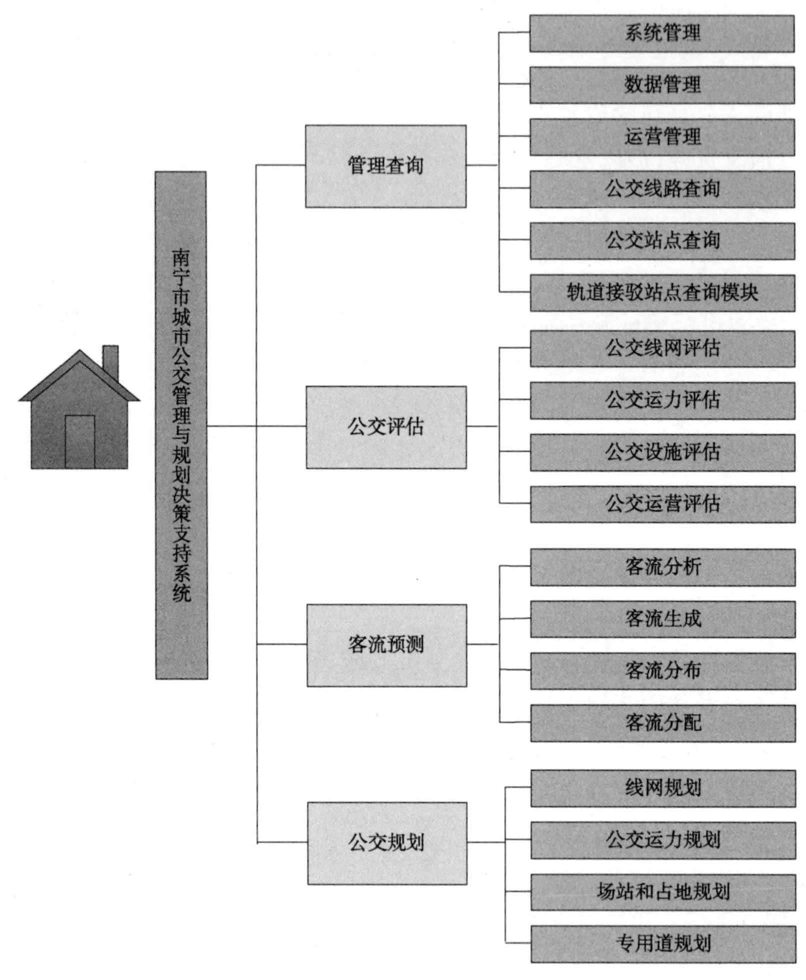

图 5-2-4　系统功能结构图

• 公交线路查询模块：按照线路名称、线路长度、线路所属公司等目标进行查询，并可以显示线路属性；

• 公交站点查询模块：按照站点名称，模糊查询公交站点并显示站点属性；

• 轨道接驳站点查询模块：按照线路名称查询线路站点 300m 或 500m 范围内有地铁接驳的站点，并对换乘的公交站点和地铁站点进行标记，并统计线路和轨道站点重复情况（轨道 300m 或 500m 范围内站点数占全线路站点总数的比例）。

（2）公交评估模块

公交评估模块主要由公交线网评估模块、公交运力评估模块、公交设施评估模块和公交运营评估模块等 4 个模块构成，各模块的基本功能如下：

• 公交线网评估模块：包括对单条线路，区域及全市总体评价指标进行统计查询，结合公交评价指标体系可实现对单条公交线路及全市公交线网服务水平进行评价；

• 公交运力评估模块：包括对断面，区域及全市公交运力进行查询，并结合客流情况对运力供需情况进行评估；

• 公交设施评估模块：包括对区域及全市公交场站、站点及专用道等设施供需情况进行评估；

• 公交运营评估模块：通过公交运速、公交负荷、票价水平等指标建立公交服务评估体系对城市公交服务进行评估。

(3)客流预测模块

客流预测模块由客流分析模块、客流生成模块、客流分布模块和客流分配模块等4个模块构成，各模块的功能如下：

• 客流分析模块：根据导入的"城市交通一卡通"数据，可分析线路站点及断面客流强度、全市站点客流强度和交通小区客流强度。

• 客流生成模块：根据社会经济及人口数据预测客流需求，显示小区客流需求强度。

• 客流分布模块：根据建立的客流分布模型预测客流分布，显示客流长度分布、客流期望线、指定小区发生量吸引量等。

• 客流分配模块：可自由设置分配模型参数，分配参数包括时间的权重、换乘惩罚、换乘时间权重等。通过分配模型预测断面客流量及全市各站点的客流直达、换乘情况。

(4)公交规划模块

公交规划模块由线网规划模块、公交运力规划模块、场站和站点规划模块、专用道规划模块等4个模块构成，各模块的基本功能如下：

• 线网规划模块：按照线路长度、客流强度、非直线系数、轨道重复系数等公交线网评价指标筛选公交线路，进而进行优化调整，线路调整后对调整线路及线网进行评估，并分析线路调整对客流影响情况及对轨道的促进作用；

• 公交运力规划模块：对断面、区域及全市公交运力进行查询，进而进行优化调整，并结合客流情况对运力供需情况进行评估，根据供需提出运力投放方案；

• 场站、站点规划模块：对公交枢纽站、首末站、中途站进行显示、统计和查询，并对区域及全市公交场站、站点供需情况进行评估分析，结合场站、站点覆盖范围及服务人口等提出场站、站点规划分布及规模要求；

• 专用道规划模块：对专用道进行显示、统计和查询，并对专用道现状及规划情况进行评估分析，通过仿真分析专用道增设后公交运行速度改善、个体交通的影响以及服务公交客流情况，并采用量化指标来评估不同专用道方案优劣，从而选择最优的公交专用道布设方案。

5 结语

南宁市城市公交管理与规划决策支持系统在对南宁市交通出行调查数据与GIS地理信息数据进行建模、分析，构建决策原始数据库基础上为南宁市城市公交管理与规划决策提供支持，以提高公交运行效率，为管理部门提供公交线网、运力等调整提供决策支持，为南宁市创建"公交都市"提供强有力的信息技术支持。下一步，将在现有系统的基础上，结合智慧交通建设在规划辅助决策分析等方面进一步扩充和优化，确保系统在城市交通管理信息化建设中表现日趋完善。

参考文献

[1] 赵勇,林辉,沈寓实,等. 大数据革命:理论、模式与技术创新[M]. 北京:电子工业出版社,2014.

[2] 钱小鸿. 智慧交通[M]. 北京:清华大学出版社,2011.

[3] 王少华,卢浩,黄骞,等. http://iras. lib. whu. edu. cn:8080/rewriter/WF/http/e9f9v-me-mfc-s-9bnl9bm/download/Periodical_dbch2013z1022. aspx 智慧交通系统关键技术研究. 测绘与空间地理信息[J],2013(8):88-91.

[4] 于卓,吴志华. 城市规划与管理一体化决策支持系统研究. 武汉大学学报(工学版)[J],2001(6):43-46.

[5] 陆化普. http://iras. lib. whu. edu. cn:8080/rewriter/WF/http/e9f9v-me-mfc-s-9bnl9bm/ download/ Periodical_gcyj201401002. aspx 城市智能交通领域新突破的前夜. 工程研究—跨学科视野中的工程[J],2014(1):3-5.

[6] 符锌砂,郭云开. 交通地理信息系统[M]. 北京:人民交通出版社,2007.

[7] 李清泉,萧世伦,方志祥,等. 交通地理信息系统技术与前沿发展[M]. 北京:科学出版社,2012.

[8] 李喆,王平莎,张春辉,等. 国内智慧交通总体架构建设模式分析. 交通节能与环保[J],2014(2):85-88.

[9] 张轮,杨文臣,张孟. http://iras. lib. whu. edu. cn:8080/rewriter/WF/http/e9f9v-me-mfc-s-9bnl9bm/download/Periodical_kx201401008. aspx 智能交通与智慧城市. 科学(上海)[J],2014(1):33-36.

[10] 许庆瑞,吴志岩,陈力田,等. 智慧城市的愿景与架构. 管理工程学报,2012 (4):1-7.

[11] 辜胜阻,王敏. 智慧城市建设的理论思考与战略选择. 中国人口·资源与环境,2012(5):74-80.

[12] Pollard 0 A. Smart growth and sustainable transportation: Can we get there from here. Fordham Urball Law Journal,2001(29):1529-1566.

[13] Schaffers H,Komninos N,Pallot M,et a1. Smart cities and the future intemet:towards cooperation frameworks for open innovation // Aivarez F,Cleary F,Daras P,el a1. The future Internet. Berlin:Springer,2011:431-446.

[14] Baber J,Kolodko J L,Noel T,et a1. Cooperative autonomous driving:intelligent vehicles sharing city roads. Robotics & Automation Magazine,2005 (1):44-49.

第三章 宣贯培训材料

城市交通地理信息系列标准宣贯培训材料

广西壮族自治区地方标准

《城市交通地理信息分类与代码》（DB45/T 1190—2015）
《城市交通地理信息属性数据结构》（DB45/T 1191—2015）
《城市交通地理信息数据分层及命名规则》（DB45/T 1192—2015）
《城市交通地理信息数据组织及数据库命名规则》（DB45/T 1189—2015）

南宁市交通运输局
南宁市勘察测绘地理信息院

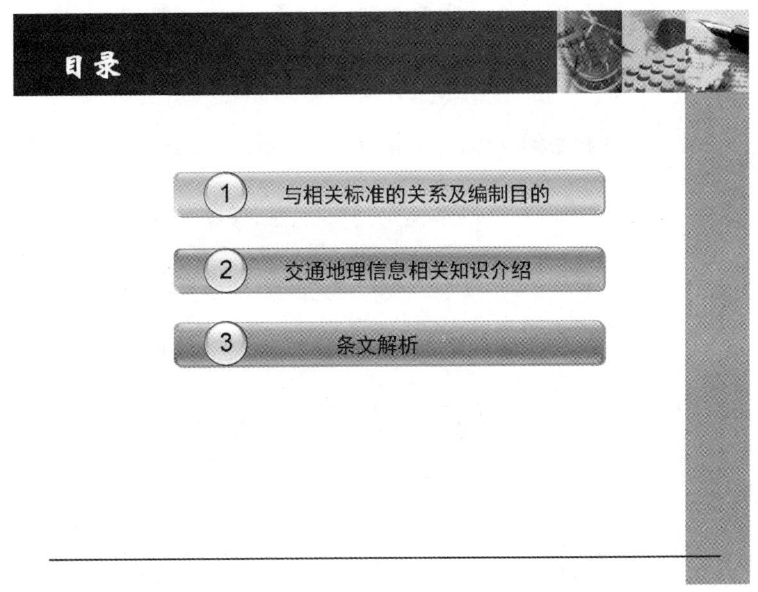

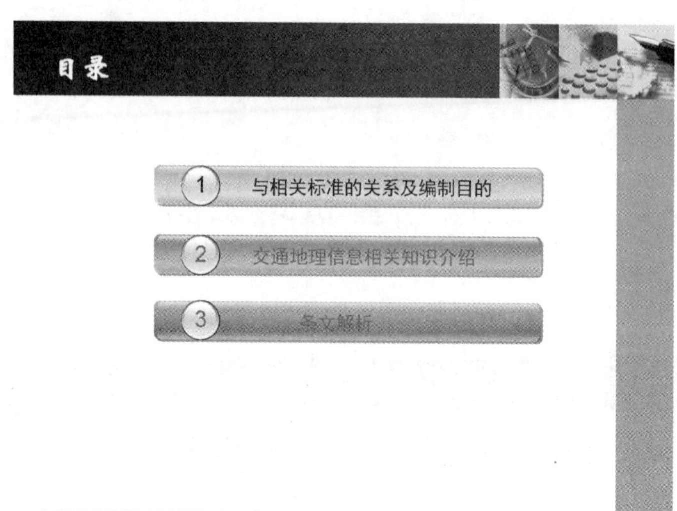
目录
1 与相关标准的关系及编制目的
2 交通地理信息相关知识介绍
3 条文解析

1、与相关标准的关系及编制目的
《基础地理信息要素分类与代码》GB/T 13923—2006
对基础地理信息要素进行分类与编码
《道路交通信息采集　信息分类与编码》GB/T 20133—2006
城市道路信息采集的信息分类与编码
《交通管理信息属性分类与编码　城市道路》GB/T 21379—2008
城市内部交通管理地理信息实体的分类与编码
《交通管理地理信息实体标识编码规则　城市道路》GB/T 21381—2008
城市道路上交通管理的地理信息实体路段、交叉口编码规则等的标识编码规则
《道路交通信息服务　信息分类与编码》GB/T 21394—2008
城市道路对公众的交通信息服务信息分类与编码

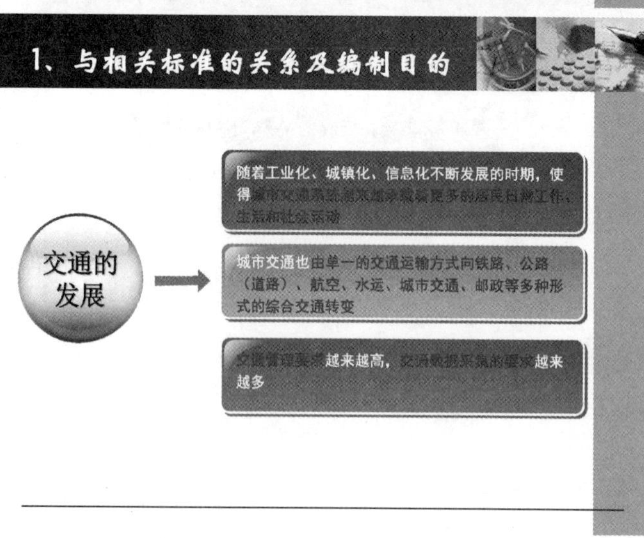
1、与相关标准的关系及编制目的
交通的发展
随着工业化、城镇化、信息化不断发展的时期，使得城市交通系统越来越承载着更多的居民出行工作、生活和社会活动
城市交通也由单一的交通运输方式向铁路、公路（道路）、航空、水运、城市交通、邮政等多种形式的综合交通转变
交通管理要求越来越高，交通数据采集的需求越来越多

交通地理信息的应用
公路管理
铁路管理
智能交通
运输调度
车辆调度
港口和水运管理
交通管理
航空和飞行管理
gis
数据的共享与交换
统一广西交通地理信息库建设标准，明确广西城市交通地理信息采集要求
各单位只需要维护一张地图
数据的共享与交换
促进数据资源共享、推动信息利用深度与广度
改变“信息孤岛”现象
数据格式
采集内容
几何精度
属性类型

1、与相关标准的关系及编制目的

为方便、快捷地采集、分析和利用交通地理信息、满足广西交通行业对交通地理信息需求、促进交通地理信息数据共享与交换，根据广西壮族自治区质量技术监督局桂质监函〔2014〕238号、〔2014〕381号文件的要求，编制了《城市交通地理信息分类与代码》、《城市交通地理信息属性数据结构》、《城市交通地理信息数据分层及命名规则》、《城市交通地理信息数据组织及数据库命名规则》4项地方标准。

目录

2、交通地理信息相关知识介绍

地理信息是什么？

1. 是指表征地理圈或地理环境固有要素或物质的数量、质量、分布特征、联系和规律等的数字、文字、图像和图形等的总称；
2. 一切与空间位置有关的信息都叫做地理信息。它脱胎于地图，它们都是地理信息的载体，具有存储、分析与显示地理信息的功能；
3. 地理信息属于空间信息，它具有空间定位特征、多维结构特征和动态变化特征

2、交通地理信息相关知识介绍

地理信息的重要性

- 国家重要的基础性、战略性资源
- 重要的交通信息资源，在公路、航道、港口、铁路和民航等交通基础设施建设、规划、行业管理和交通出行中发挥了重要作用
- 人类的活动中有80%的信息与地理位置有关

2、交通地理信息相关知识介绍

传统	加入地理信息后
管理型信息系统，只有属性数据库的管理，未与交通网络的地域特征相联系，未能充分发挥系统应有的效益	实现交通信息的可视化表达、分析与发布，使交通管理决策更具智能化

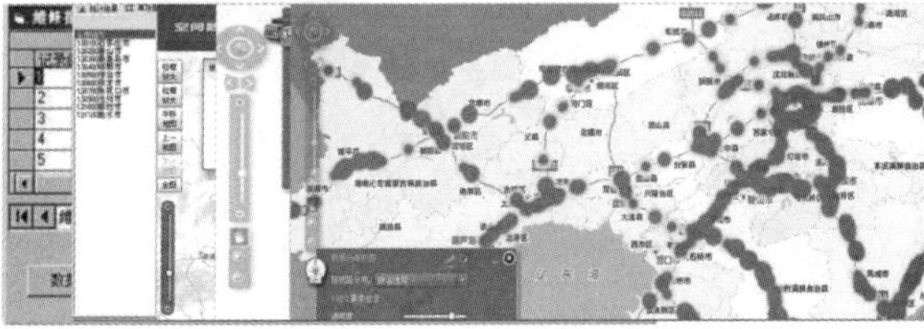

2、交通地理信息相关知识介绍

交通地理信息

1. 是指与交通运输相关的各种地理信息，它表述了各种交通网络的空间分布、运动在其上的人或物质的空间移动以及交通运输网络的管理；

2. 不但要描述交通网络及设施的地理位置和属性，还要反映与之相关的交通运输信息和状态。

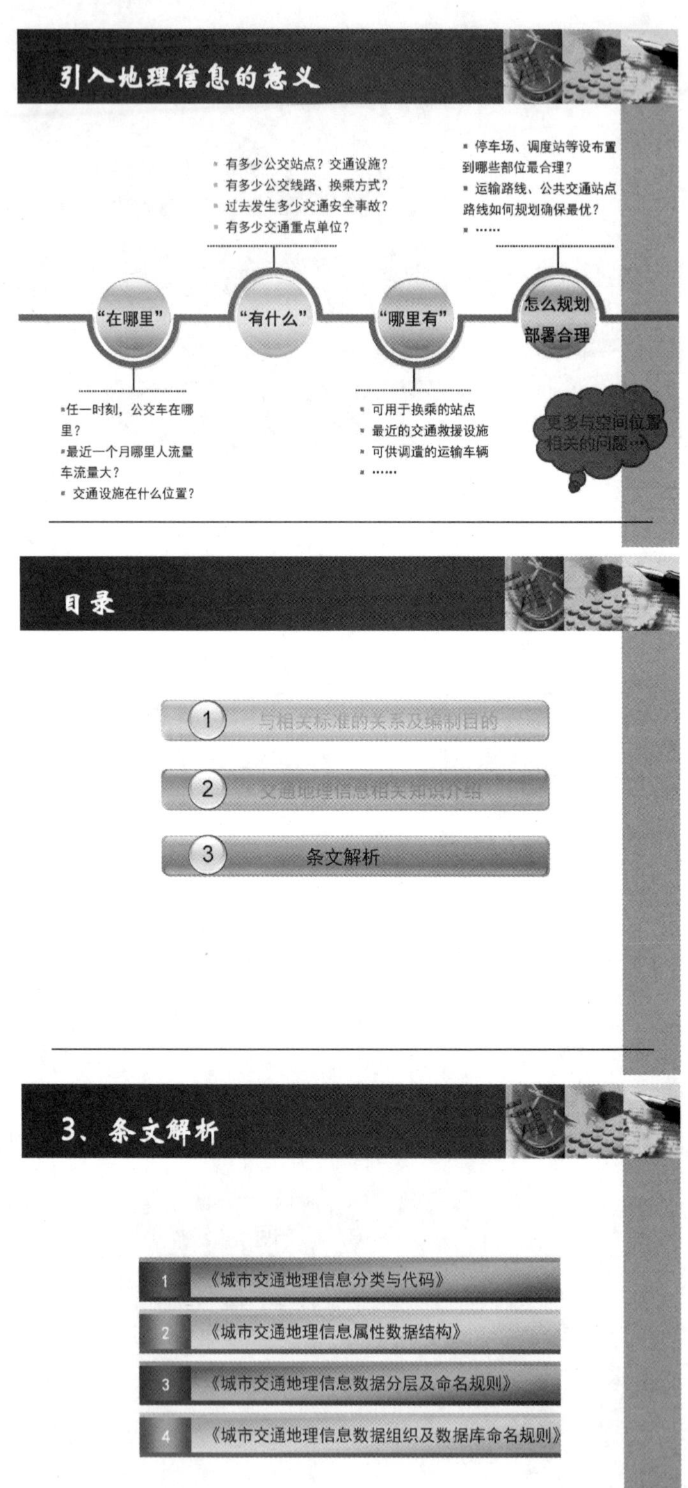

引入地理信息的意义
有多少公交站点？交通设施？
有多少公交线路、换乘方式？
过去发生多少交通安全事故？
有多少交通重点单位？
停车场、调度站等设布置到哪些部位最合理？
运输路线、公共交通站点路线如何规划确保最优？
……
“在哪里”
“有什么”
“哪里有”
怎么规划部署合理
任一时刻，公交车在哪里？
最近一个月哪里人流量车流量大？
交通设施在什么位置？
可用于换乘的站点
最近的交通救援设施
可供调遣的运输车辆
……
更多与空间位置相关的问题…
目录
1 与相关标准的关系及编制目的
2 交通地理信息相关知识介绍
3 条文解析
3、条文解析
1 《城市交通地理信息分类与代码》
2 《城市交通地理信息属性数据结构》
3 《城市交通地理信息数据分层及命名规则》
4 《城市交通地理信息数据组织及数据库命名规则》

3、条文解析　　标准结构

分类与代码

前提

属性数据结构

关键

整体一致

核心是数据

数据分层及命名规则

指引

数据组织及数据库命名规则

保障

❖地理空间数据的特性

❖**空间、属性和时间特征——空间对象的三大基本特征**

❖空间特征是指空间对象的位置及与相邻对象的空间关系或拓扑关系；

❖ 属性特征是指空间对象的专题属性

GeoData Mapper 2002 数字地图系统 [中国.ma][包含1个图层: 中国行政区划2]

	PrcName	Chinese_ch	Guobiao_Admin_Code	Pinyin_name	周长	
13	西藏自治区	西藏	540000	XIZANG	6.964171e+006	1.1
14	河南省	河南	410000	HENAN	2.935998e+006	1.6
15	安徽省	安徽	340000	ANHUI	2.846713e+006	1.3
16	四川省	四川	510000	SICHUAN	6.329169e+006	5.7
17	湖北省	湖北	420000	HUBEI	3.295287e+006	1.8
18	湖南省	湖南	430000	HUNAN	3.165063e+006	2.1
19	江西省	江西	360000	JIANGXI	2.618077e+006	1.6
20	云南省	云南	530000	YUNNAN	5.624029e+006	3.8
21	贵州省	贵州	520000	GUIZHOU	3.206353e+006	1.7
22	澳门特别行政区	澳门	MACAO	MACAO	1.457202e+004	7.7
23	福建省	福建	350000	FUJIAN	4.312550e+006	1.2
24	广东省	广东	440000	GUANGDONG	5.911949e+006	1.7
25	广西壮族自治区	广西	450000	GUANGXI	3.988567e+006	2.3
26	海南省	海南	460000	HAINAN	4.922098e+006	4.2
27	河北省	河北	130000	HEBEI	4.166121e+006	1.8
28	香港特别行政区	香港	HK	HONG KONG	5.971691e+005	1.0
29	江苏省	江苏	320000	JIANGSU	3.046506e+006	9.
30	辽宁省	辽宁	210000	LIAONING	3.502793e+006	1.4
31	上海市	上海	310000	SHANGHAI	6.914963e+005	6.5
32	浙江省	浙江	330000	ZHEJIANG	4.379519e+006	1.0
33	台湾省	台湾	710000	TAIWAN	1.442029e+006	3.6

记录：29 记录总数：33 定位记录 更新记录

❖ 时间特征是指空间对象随着时间演变而引起的空间和属性特征的变化。

1《城市交通地理信息分类与代码》

❖ 包括前言、6个章节、3个附录及参考文献

1 范围

2 规范性引用文件

3 有关术语和定义

4 分类原则与方法

5 编码方法

6 代码表

附录A 基础地理信息代码与地理信息要素代码对照

附录B 道路养护业务专用地理信息分类示例

附录C 道路运输业务专用地理信息分类示例

1.1 范围

- 适用于广西各城市市域范围内
- 用于广西城市交通地理信息的分类与编码
- 用于城市交通地理信息数据采集、整理、更新、管理、建库、共享与交换和产品开发

1.2 规范性引用文件

- 下列文件对于本文件的应用是必不可少的。凡是注日期的引用文件，仅所注日期的版本适用于本文件。凡是不注日期的引用文件，其最新版本（包括所有的修改单）适用于本文件。
- GB/T 13923—2006 基础地理信息要素分类与代码

1.3 术语和定义

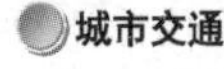城市交通

交通地理信息

基础地理信息

交通公共地理信息

交通业务专用地理信息

动态交通地理信息

适用于本标准，为本标准的引用提供方便

1.4 分类原则

❖ 4.1.1本标准信息内容以静态交通地理信息为主，动态交通地理信息为辅。其中，动态交通地理信息仅对道路指挥中常用的道路异常、特殊事件和道路交通流信息进行分类。

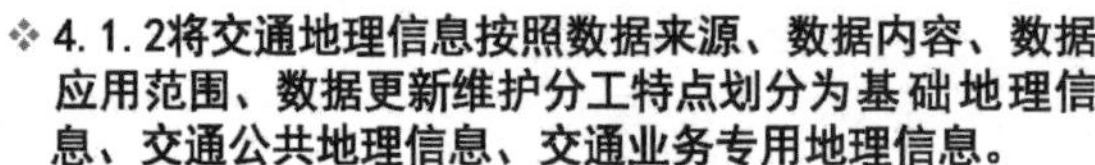

❖ 4.1.2将交通地理信息按照数据来源、数据内容、数据应用范围、数据更新维护分工特点划分为基础地理信息、交通公共地理信息、交通业务专用地理信息。

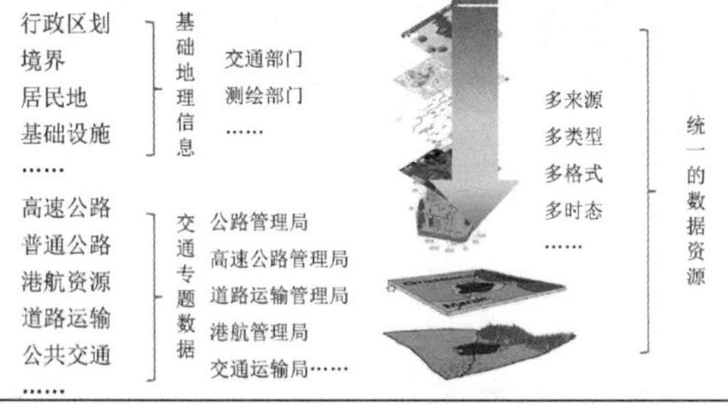

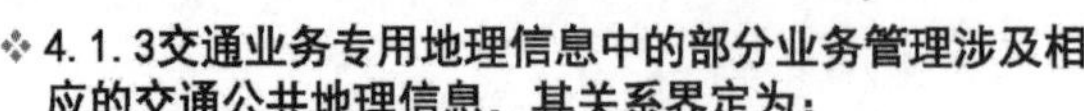

❖ 4.1.3交通业务专用地理信息中的部分业务管理涉及相应的交通公共地理信息，其关系界定为：

❖ 1）交通公共地理信息描述多个交通业务部门关心的、具备地理实体特征的信息，其信息为该地理实体的基本信息；

❖ 2）交通业务专用地理信息建立专用信息分类，其地理实体特征通过与交通公共地理信息的一个或多个分类信息关联进行提取，描述业务特征内容。

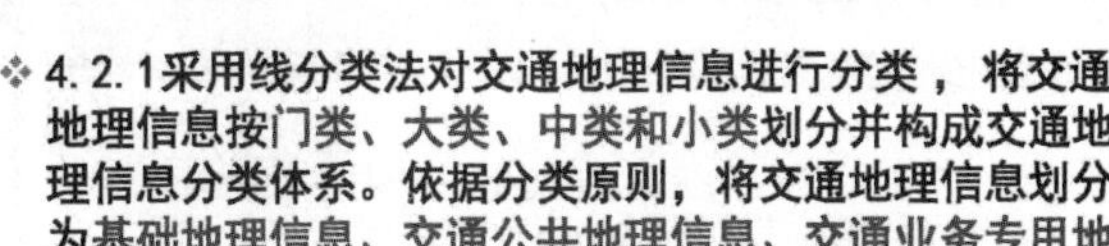

❖ 4.2.1采用线分类法对交通地理信息进行分类，将交通地理信息按门类、大类、中类和小类划分并构成交通地理信息分类体系。依据分类原则，将交通地理信息划分为基础地理信息、交通公共地理信息、交通业务专用地理信息三大门类。

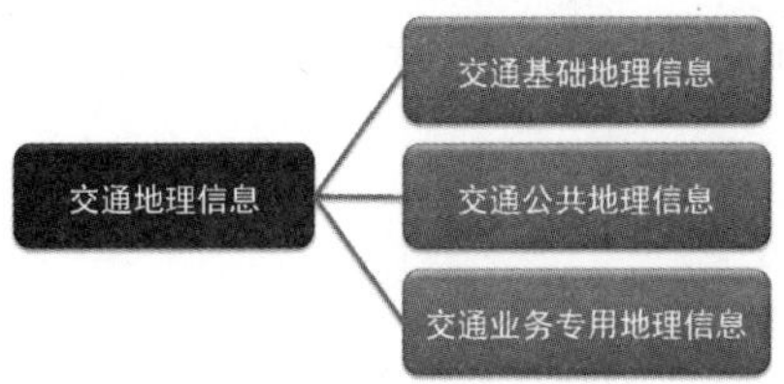

1.5 分类方法

❖ 4.2.2基础地理信息采用GB/T 13923—2006中的分类方法，本标准的大类对应 GB/T 13923 — 2006中的大类，中类对应其中类，小类对应其小类，不再划分子类。

❖ 4.2.3交通公共地理信息按照综合应用要求划分为七大类，每一大类又按其不同特点划分为中类和小类。

❖ 4.2.4交通业务专用地理信息大类按照业务种类划分为十九类，交通业务专用地理信息的大类按照业务管理特征划分为中类和小类，参见附录A和附录B。

1.5分类方法

❖ Click to add text

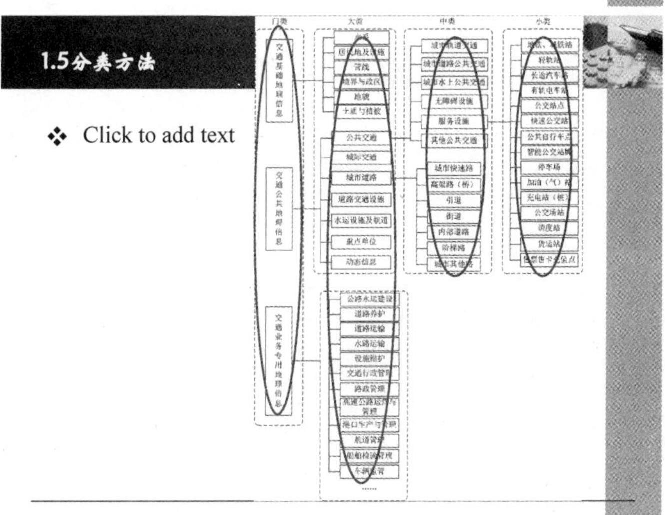

1.6 编码方法

- 5.1交通地理信息代码由1位大写英文字母和7位数字组成
- 第一位表示门类，用一位大写字母标识：A为基础地理信息，B为交通公共地理信息，C为交通业务专用地理信息；
- 第二、三位表示大类，用两位数字00～99表示；
- 第四、五位表示中类，用两位数字00～99表示；
- 第六至八位表示小类，用三位数字000～999表示。

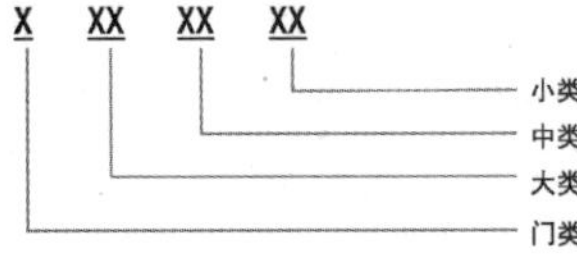

1.6 编码方法

- 5.2基础地理信息代码参照GB/T 13923— 2006进行编制，其中大类码由GB/T 13923— 2006中的大类码前补0组成，中类码由GB/T 13923— 2006中的中类码前补0组成，小类码采用GB/T 13923— 2006中的小类码，不足三位前面补0。基础地理信息代码与GB/T 13923— 2006代码对照表见附录C。

GB/T 13923-2006　　DB45/T 1190-2015

1.6 编码方法

- 5.3交通业务专用地理信息大类代码参照交通组织机构编制，其中类和小类由各业务部门自行确定。
- 5.4需要在本标准基础上扩充新的交通地理信息时，原则上从本层代码最大值按递减方式进行扩充。
- 5.5对于编码结构的6、7、8位，需要时可扩展位码，以便于在应用过程中分类增加后的便捷扩展。
- 5.6交通地理信息扩充后，应在本标准归口单位备案。

2 《城市交通地理信息属性数据结构》

❖包括前言、7个章节

1 范围

2 规范性引用文件

3 术语和定义

4 属性数据项的分类

5 属性数据项内容

6 属性数据项字段名称的命名原则

7 交通地理信息属性结构扩展数据项

2.1 范围

❖适用于广西各城市市域范围内

❖用于广西城市交通地理信息的属性数据结构

❖用于城市交通地理信息数据采集、整理、更新、管理、建库、共享与交换和产品开发

2.2 规范性引用文件

❖ 下列文件对于本文件的应用是必不可少的。凡是注日期的引用文件，仅所注日期的版本适用于本文件。凡是不注日期的引用文件，其最新版本（包括所有的修改单）适用于本文件。

❖ GB/T 920—2002 公路路面等级与面层类型代码

❖ GB/T 2260 — 2007 中华人民共和国行政区划代码

❖ GB/T 2659—2000 世界各国和地区名称代码（eqv ISO 3166-1:1997）

❖ GB/T 10302— 2010 中华人民共和国铁路车站代码

❖ GB/T 13923 — 2006 基础地理信息要素分类与代码

❖ GA/T 380—2012 全国公安机关机构代码编制规则

❖ DB45/T 1190—2015 城市交通地理信息分类与代码

2.3 术语和定义

❖属性数据

❖ 描述地理实体特征的数据，如类型、名称、性质等。

❖ 地图上的要素都会有一定的属性信息。这些属性信息存贮在这些要素的数据库表中并且通过链接可以与其他数据库间进行访问。

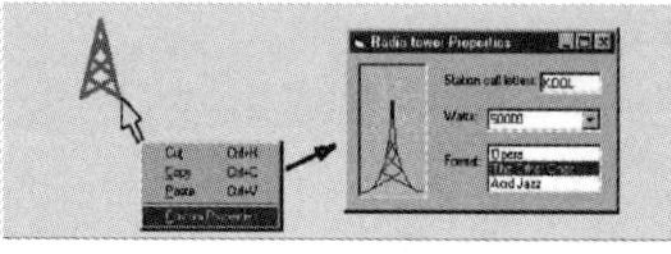

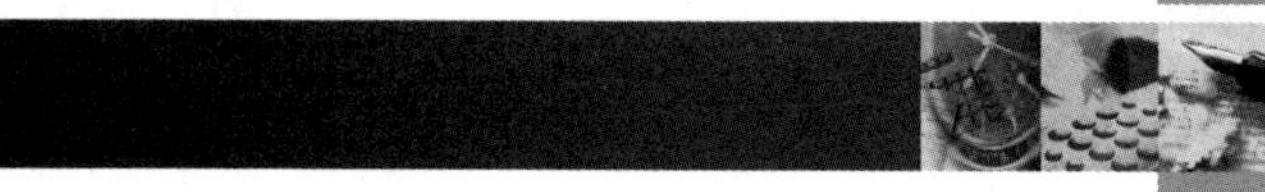

❖ 属性特征是指空间对象的专题属性

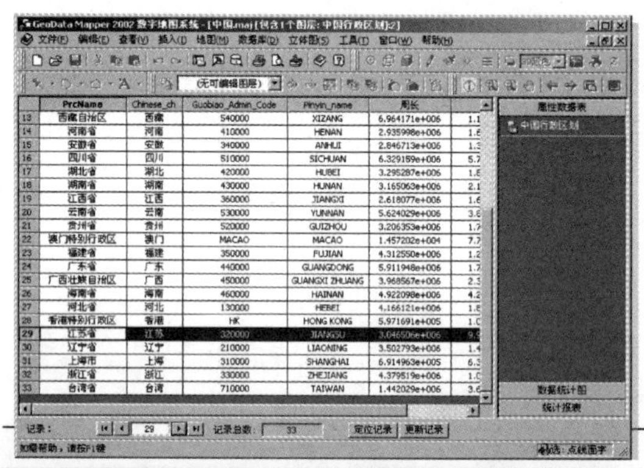

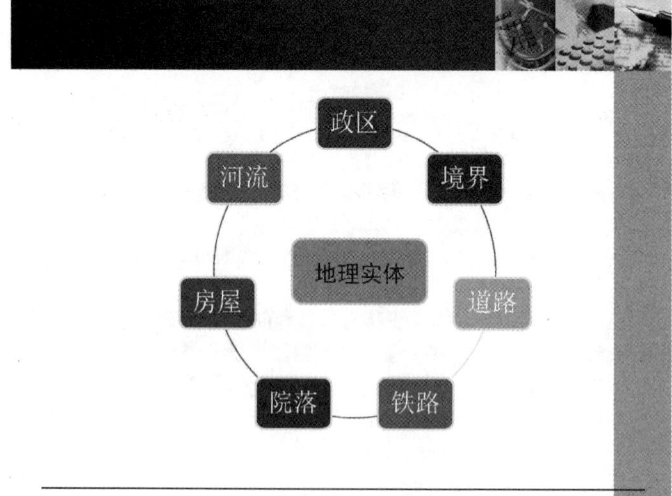

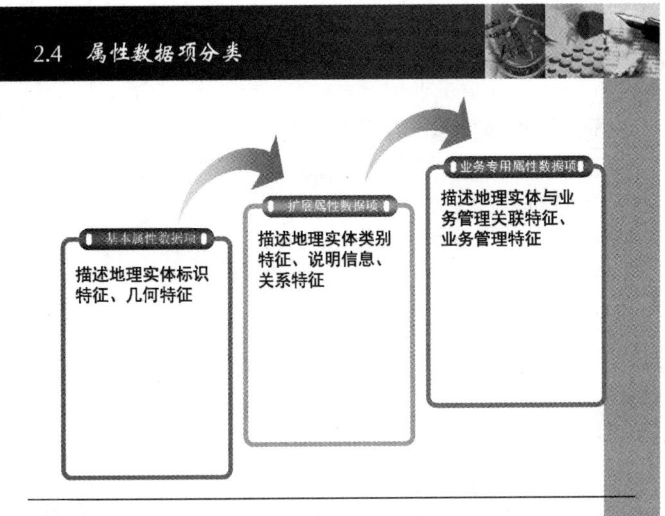

6属性数据项字段名称的命名原则

1. 采用汉语拼音首字母组合法进行属性数据项字段名称的命名，即字段名称由属性数据项名称的每个汉字拼音的第一个字母组合而成，如果名称有重复，将之后出现的属性数据项中的最后一个汉字改为全拼，如果再有重复，再将倒数第二个汉字改为全拼，以此类推，直至没有重复为止。例如“站点名称”的字段名称为“ZDMC”，后面还有“终点名称”，则其字段名称为“ZDMCHENG”。

2. 字段名称规定为不超过10个字符。
   对国家或行业标准中已定义的字段名称要以其为准。

3 《城市交通地理信息数据分层及命名规则》

❖ **包括前言、6个章节、2个附录**

1 范围
2 规范性引用文件
3 数据分层原则
4 图层命名规则
5 图层代码编码规则
6 数据分层及图层命名列表
附录A 道路养护业务专用地理信息数据分层及命名
附录B 道路运输业务专用地理信息数据分层及命名

3.1 范围

❖适用于广西各城市市域范围内

❖用于广西城市交通地理信息空间数据的分层及命名规则

❖用于城市交通地理信息数据采集、整理、更新、管理、建库、共享与交换和产品开发

3.2 规范性引用文件

❖ 下列文件对于本文件的应用是必不可少的。凡是注日期的引用文件，仅所注日期的版本适用于本文件。凡是不注日期的引用文件，其最新版本（包括所有的修改单）适用于本文件。

❖GB/T 13989—2012 国家基本比例尺地形图分幅和编号

❖DB45/T 1190—2015 城市交通地理信息分类与代码

3.3 数据分层原则

❖3.1基本原则

❖ 按业务应用要求，将交通地理信息划分为若干图层；

电子地图对实际空间的表达通过图层去描述

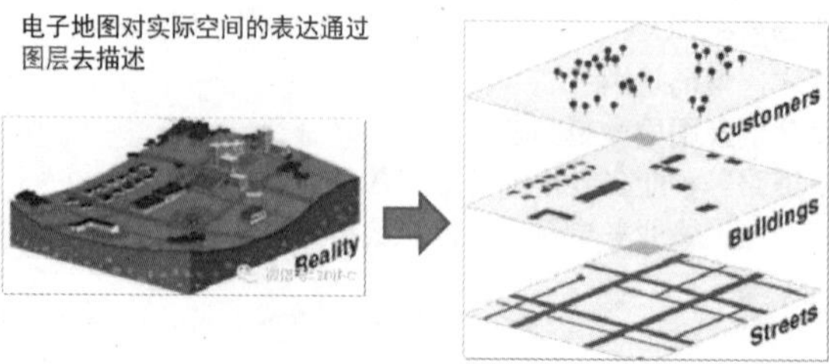

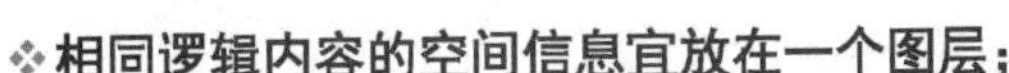

- 相同逻辑内容的空间信息宜放在一个图层；
- 一个图层只有一个空间拓扑特征；
- 数据分层可划分到DB45/T 1190—2005小类，但对于在门类、大类或小类达到属性项的一致，不需再细分；
- 逻辑内容相同但地理实体丰富多样或应用需要多种地理实体表示，则采用多个空间拓扑层方式分层。

3.3 数据分层原则

- 3.2比例尺
- 城市交通地理信息系统中交通电子地图数据采用表1所列比例尺，比例尺代码引用GB/T 13989—2012。

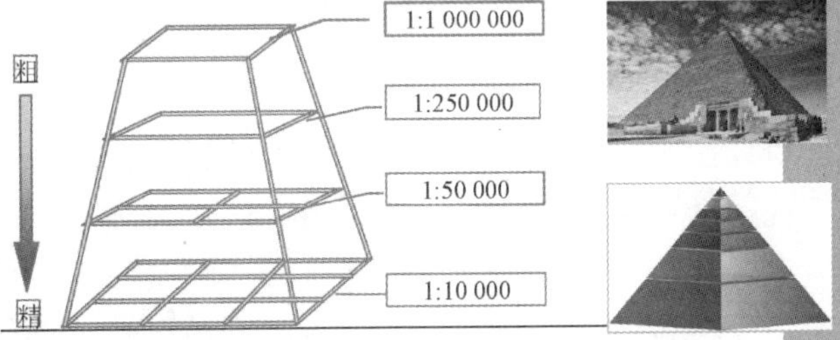

3.3 数据分层原则

- 3.3空间拓扑的表示与划分方法
- 3.3.1电子地图数据的空间拓扑划分应依据比例尺相应地理要素的表现粒度和应用的要求，确定空间拓扑划分方法。

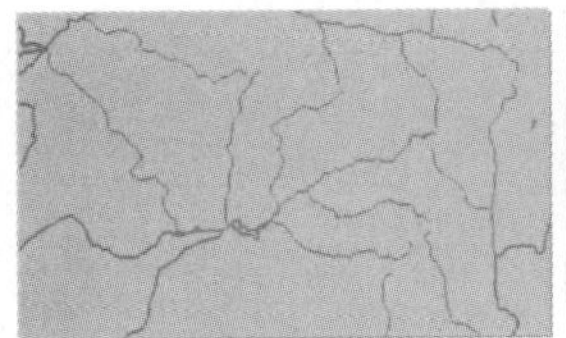

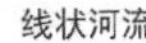

线状河流

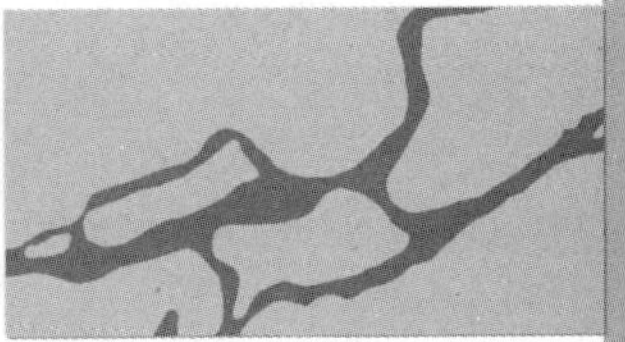

面状河流

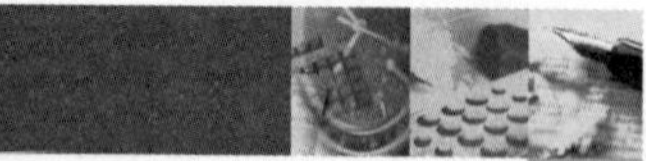

- 3.3.2空间拓扑的表示：
- 空间拓扑是空间数据的组织方式，基本类型包括点、线、面（多边形）、网格、栅格、格网、三角网、文本标注等。

3.3 数据分层原则

- 3.3.3空间拓扑的划分方法
- 空间拓扑划分应根据相应比例尺的空间数据表现进行划分：
- 具备点状定位特征和表现宏观特性的地理实体，采用点类型进行描述，例如基础控制点、泉等；
- 具备线状特征或在该比例尺下抽象为线状特征的地理实体，采用线类型进行描述，例如公路、时令河；
- 具备空间区域覆盖特征的地理实体，可以采用面类型进行描述，例如湖泊；
- 具备空间连续分布特征的地理要素，可以采用栅格、格网、三角网类型进行描述，例如DEM；
- 对于某些地理实体，根据应用需要可采用多种空间拓扑进行描述，例如等高线可以表示为线和格网；
- 对于需要在电子地图上描述的社会属性如地名、旅游资源，其信息已经在相应的地理实体中描述，但又需要表示，可以描述为具备点状特性的文本标注类型，例如农村居民点标注；
- 对于由一系列具有关联关系的节点和线路构建网络，在划分点、线空间拓扑特征的同时应建立其网络拓扑特征。

3.4 图层命名规则

- 4.1图层名称命名规则：
- 将图层划分时依据DB45/T 1190—2015中的分类名称作为图层名称；
- 同一分类划分为多个空间拓扑特征图层，在分类名称前或后加上空间拓扑特性名称，如水系有三个图层取名为“点状水系、线状水系、面状水系”。

3.4 图层命名规则

❖ 4. 2图层映射名称命名规则：

❖ 图层的映射名称采用组合法，将地理图层映射名分为两部分，第一部分为图层名称中每个汉字拼音的首字母组合而成，如果映射名有重复，将“序号”大的“图层名称”中的最后一个汉字改为全拼，如果再有重复，再将倒数第二个汉字改为全拼，以此类推，直至没有重复为止。第二部分为几何特征英文缩写，两部分之间用下划线连接。

3.5 图层代码编码规则

❖ 4. 2图层映射名称命名规则：

❖ 对每个图层建立相应的代码，图层代码编码规则为：第一部分为图层名称中每个汉字拼音的首字母组合而成，如果映射名有重复，将“序号”大的“图层名称”中的最后一个汉字改为全拼，如果再有重复，再将倒数第二个汉字改为全拼，以此类推，直至没有重复为止。第二部分为几何特征英文缩写，两部分之间用下划线连接

几何特征	英文全称	英文缩写
点	Point	PT
线	Polyline	PL
面	Polygon	PG
网络	Network	NET
栅格	Image	IMG
格网	Grid	GRD
三角网	Tin	TIN
文本标注	Annoation	ANN

3.6 数据分层及图层命名列表

层代码	要素类别	图层名称	映射名称	图层信息描述	空间拓扑
△A0201	水系	点状水系	DZSX_PT	描述点状特征的水系如泉	点
△A0202		线状水系	XZSX_PL	描述单线河流、沟渠等无法用多边形描述的水系	线
△A0203		面状水系	MZSX_PG	描述双线河流、湖泊及封闭水域、流域等	面
△A0204		水系标注	SXBZ_ANN	水系的标注	标注
△A0301	居民地及设施	居民地标注	JMDBZ_ANN	描述居民地行政等级所在地点或聚集定居的地点的专用名称	标注
△A0302		居民地	JMD_PG	居民地	面
△A0303		建筑物	JZW_PG	建筑物	面
△A0501	管线	管线	GX_PL	电力、电信等管线和井孔（如雨水、污水、消防栓等）	线
△A0601	境界与政区	省、市、县、区界	SSXQJ_PG	省、市、县、分区行政区划	面
△A0602		省、市、县、区界线	SSXQJX_PL	省、市、县、分区行政区划界线	线
△A0603		乡、镇街道界	XZJDJ_PG	乡、镇、街道行政区划	面
△A0604		乡、镇街道界线	XZJDJX_PL	乡、镇、街道行政区划界线	线
△A0701	地貌	等高线	DGX_PL	等高线	线
△A0702		高程点	GCD_PT	高程点	点
△A0703		点状地貌	DZDM_PT	点状地貌特征	点
△A0704		线状地貌	XZDM_PL	线状地貌特征	线
△A0801	植被与土质	面状植被	MZZB_PG	绿地、绿化带	面
△A0802		线状植被	XZZB_PL	行树或者线状绿地	线
△A0803		点状植被	DZZB_PT	独立树或者点状绿地	点
△代表比例尺代码。					

4 《城市交通地理信息数据组织及数据库命名规则》

❖包括前言、4个章节

1 范围

2 规范性引用文件

3 数据的组织

4 数据库命名规则

4.1 范围

❖适用于广西各城市市域范围内

❖用于广西城市交通地理信息空间数据组织及数据库命名规则

❖用于城市交通地理信息数据采集、整理、更新、管理、建库、共享与交换和产品开发

4.2 规范性引用文件

❖下列文件对于本文件的应用是必不可少的。凡是注日期的引用文件，仅所注日期的版本适用于本文件。凡是不注日期的引用文件，其最新版本（包括所有的修改单）适用于本文件。

❖GB/T 4754— 2011 国民经济行业分类

❖GB/T 13989—2012 国家基本比例尺地形图分幅和编号

❖DB45/T 1190—2015 城市交通地理信息分类与代码

❖DB45/T 1192—2015 城市交通地理信息数据分层及命名规则

4.3 数据的组织

❖3. 1数据的组织结构

❖数据按照图1所示结构进行组织：

❖数据库由一个或者多个空间数据集组成；

❖空间数据集由一个或者多个具有相同空间坐标系的图层组成。

4.3 数据的组织

❖3. 2数据的存储与管理

❖基于关系型数据库和空间数据库引擎建立交通地理信息数据库，实现交通地理信息数据存储与管理。

4.3 数据的组织

❖3. 3空间数据集的组织

❖空间数据集按照DB45/T 1190—2015 城市交通地理信息分类与代码的门类、大类进行组织，交通基础地理信息和交通公共地理信息按照门类组织为两个空间数据集即交通基础地理信息数据集和交通公共地理信息数据集，业务专用地理信息按照大类组织为相应业务专用数据集。

4.4 数据库及空间数据集命名规则

❖4.1数据库命名规则

❖ 数据库命名由"GIS"+"交通运输行业代码"组成。根据交通运输行业分类，公共电汽车客运数据命名为GIS5411，城市轨道交通数据库命名为GIS5412等。

4.4 数据库及空间数据集命名规则

❖4.2空间数据集命名规则

❖ 空间数据集命名由"比例尺代码"+"门类"+"大类组成"，例如1：2000比例尺的交通公共地理信息门类的公共交通大类数据集命名为：IB01。

4.4 数据库及空间数据集命名规则

❖4.3图层命名规则

❖ 图层命名规则引用DB45/T 1192—2015城市交通地理信息数据分层及命名规则中建立的图层代码命名规则。

参考文献

[1] 中华人民共和国国家标准. GB/T 21740—2008 基础地理信息城市数据库建设规范. 北京:中国标准出版社,2008.

[2] 中华人民共和国国家标准. GB/T 13923—2006 基础地理信息要素分类与代码[S]. 北京:中国标准出版社,2006.

[3] 中华人民共和国国家标准. GB/T 21379—2008 交通管理信息属性分类与编码 城市道路[S]. 北京:中国标准出版社,2008.

[4] 中华人民共和国国家标准. GB/T 21381—2008 交通管理地理信息实体标识编码规则 城市道路[S]. 北京:中国标准出版社,2008.

[5] 中华人民共和国国家标准. GB/T 20133—2006 道路交通信息采集 信息分类与编码[S]. 北京:中国标准出版社,2006.

[6] 中华人民共和国国家标准. GB/T 21394—2008 道路交通信息服务 信息分类与编码[S]. 北京:中国标准出版社,2008.

[7] 中华人民共和国国家标准. GB/T 20134—2006 道路交通信息采集 事件信息集[S]. 北京:中国标准出版社,2006.

[8] 中华人民共和国国家标准. GB/T 4657—2002 中央党政机关、人民团体及其他机构代码[S]. 北京:中国标准出版社,2002.

[9] 中华人民共和国国家标准. CJJ/T 144—2007 城市公共交通分类标准[S]. 北京:中国标准出版社,2007.

[10] 中华人民共和国国家标准. GB/T 50833—2012 城市轨道交通工程基本术语标准[S]. 北京:中国标准出版社,2012.

[11] 中华人民共和国国家标准. GB/T 30013—2013 城市轨道交通试运营基本条件[S]. 北京:中国标准出版社,2013.

[12] 中华人民共和国行业标准. JT/T 437—2001 港口主要统计指标分类与代码[S]. 北京:中国标准出版社,2001.

[13] 中华人民共和国行业标准. JT/T 438—2001 水路运输主要统计指标分类与代码[S]. 北京:中国标准出版社,2001.

[14] 广西壮族自治区地方标准. DB45/T 1190—2015 城市交通地理信息分类与代码[S]. 北京:中国标准出版社,2015.

[15] 广西壮族自治区地方标准. DB45/T 1191—2015 城市交通地理信息属性数据结构[S]. 北京:中国标准出版社,2015.

[16] 广西壮族自治区地方标准. DB45/T 1192—2015 城市交通地理信息数据分层及命名规则[S]. 北京:中国标准出版社,2015.

[17] 广西壮族自治区地方标准. DB45/T 1189—2015 城市交通地理信息数据组织及数据库命名规则[S]. 北京:中国标准出版社,2015.

[18] 梁展凡,韦海和,严凯,韦全有.广西北部湾经济区交通一卡通同城化研究[J].广西城镇建设,2014,(10).

[19] 梁展凡,晏明星,韦海和.广西城市交通地理信息分类标准研究[J].广西师范学院学报.自然科学版,2014,(4).

[20] 晏明星,梁展凡,韦海和.广西城市交通地理信息系列标准编制研究[J].公路交通科技(应用技术版),2015,(2).

[21] 梁展凡,晏明星,韦海和,严凯.智慧交通框架下的城市公交管理与规划决策支持系统研究[J].公路交通科技(应用技术版),2015,(3).

[22] 梁展凡.圆砾层地质条件下深基坑工程风险分析及对策研究[J].中国工程咨询,2014,(12).

[23] 梁展凡,李东平,张平.南宁市"公交都市"建设策略与方案探讨[J].规划师,2015,(10).

[24] 陈静."一张图"交通地理空间框架建设[J].西部交通科技,2011(5).

[25] 李清泉.交通地理信息系统技术与前沿进展[M].科学出版社,2012.

[26] 刘学军,徐鹏.交通地理信息系统[M].科学出版社,2007.

[27] 黄梦雄,朱勤东.交通地理信息公共服务平台设计与研究[J].交通标准化,2013,(9).

[28] 田浩洋,刘钊,郭建华.基于 GIS 的地面级路面管理系统的开发与应用[J].交通标准化, 2014,(15).

[29] 刘艺璇.关于交通地理信息在城市交通中的应用[J].新一代信息技术,2013,(16).

[30] 徐京华,马淑艳.交通地理信息系统及其应用前景展望[J].信息技术,2004,(3).

[31] 张建昌,许连华.基于地理信息分析的城市交通管理[J].科技创新与应用,2014,(29).

[32] 肖苏勇.基于云计算的地理信息公共服务平台应用与研究[J].测绘通报,2012,(9).

[33] 何伟,严小平.武汉市系列比例尺地形图要素分类编码及数据库标准的编制研究[J].城市勘测,2012,(5).

[34] 万远亮.省级交通地理信息系统关键技术研究[J].福建建筑,2012,(5).

[35] 程宇翔,梁均军.城市交通综合信息平台 GIS-T 数据组织关键技术[J].地理空间信息,2012,(4).

[36] 张丹.城市交通地理信息集成管理系统研究与应用[D].西南交通大学,2012.

[37] 周干峙.以大交通观念构建城市交通系统[J].城市交通,2011,(1).

[38] 赵鹏军,李铠.大数据方法对于缓解城市交通拥堵的作用的理论分析[J].现代城市研究,2014,(10).

[39] 杨毅秋.轨道交通标准化设计数据库开发及研究[J].铁道工程学报,2013,(4).

[40] 郭瑞.基于数据库技术的城市交通信息服务系统研究[J].信息通信,2013,(2).

[41] 杜勇,李军.交通数据中心数据整合与综合数据库的设计研究[J].交通科技,2013,(2).

[42] 陆化普.城市智能交通系统的发展现状与趋势[J].工程研究—跨学科视野中的工程,2014,(1).

[43] 张祖群.从城市交通地理向城市智慧交通转向:理论进展与实践[J].石家庄经济学院学报,2013,(6).

[44] 陈俊杰.不同尺度下地理实体的一体化组织与表达方法研究[D].浙江大学,2011.

[45] 刘晓庆.城市基础地理信息分类编码的研究[D].山东科技大学,2011.

[46] 王永尚,王小华. 大地测量数据标准分类研究与构建[J]. 测绘科学,2014,(12).

[47] 何伟,严小平. 武汉市系列比例尺地形图要素分类编码及数据库标准的编制研究[J]. 城市勘测,2012,(10).

[48] 孙伟伟,刘春. 城市复杂道路路网 T-GIS 数据模型[J]. 同济大学学报(自然科学版),2012,(1).

[49] 沈湘萍. 交通地理信息共享平台 GIS-T 建设关键技术研究[J]. 公路交通科技(应用技术版),2013,(7).

[50] 吴忠泽. 大数据时代:智能交通系统发展面临机遇与挑战[C]. 中国科技网—科技日报,2013.12.

[51] 中华人民共和国国家标准. GB/T 21381—2008 交通管理地理信息实体标识编码规则 城市道路[S]. 北京:中国标准出版社,2008.

[52] 中华人民共和国国家标准. GB/T 21379—2008 交通管理信息属性分类与编码 城市道路[S]. 北京:中国标准出版社,2008.

[53] 中华人民共和国国家标准. GB/T 21394—2008 道路交通信息服务 信息分类与编码[S]. 北京:中国标准出版社,2008.

[54] 中华人民共和国国家标准. GB/T 20133 2006 道路交通信息采集 信息分类与编码[S]. 北京:中国标准出版社,2006.

[55] 赵勇,林辉,沈寓实,等. 大数据革命:理论、模式与技术创新[M]. 北京:电子工业出版社,2014.

[56] 符锌砂,郭云开. 交通地理信息系统[M]. 北京:人民交通出版社,2007.

[57] 王少华,卢浩,黄骞,等. http://iras.lib.whu.edu.cn:8080/rewriter/WF/http/e9f9v-me-mfc-s-9bnl9bm/download/Periodical_dbch2013z1022.aspx 智慧交通系统关键技术研究[J],测绘与空间地理信息,2013(8):88-91.

[58] 于卓,吴志华. 城市规划与管理一体化决策支持系统研究[J]. 武汉大学学报:工学版,2000(6).

[59] 陆化普. http://iras.lib.whu.edu.cn:8080/rewriter/WF/http/e9f9v-me-mfc-s-9bnl9bm/download/Periodical_gcyj201401002.aspx 城市智能交通领域新突破的前夜[J],工程研究—跨学科视野中的工程,2014(1):3-5.

[60] 钱小鸿. 智慧交通[M]. 北京:清华大学出版社,2011.

[61] 梁展凡,袁泽沛. 基于复杂系统理论的项目群互动风险及机理研究[J]. 经济问题,2010(10).

[62] 梁展凡. 投资建设项目群链式风险分析、评估及其仿真研究[M]. 武汉:武汉大学出版社,2011.

[63] 王少华,卢浩,黄骞,等. http://iras.lib.whu.edu.cn:8080/rewriter/WF/http/e9f9v-me-mfc-s-9bnl9bm/download/Periodical_dbch2013z1022.aspx 智慧交通系统关键技术研究[J]. 测绘与空间地理信息,2013(8):88-91.

[64] 于卓,吴志华. 城市规划与管理一体化决策支持系统研究[J]. 武汉大学学报(工学版),2001(6):43-46.

[65] 符锌砂,郭云开. 交通地理信息系统[M]. 北京:人民交通出版社,2007.

[66] 李喆,王平莎,张春辉,等.国内智慧交通总体架构建设模式分析[J].交通节能与环保,2014(2):85-88.

[67] 张轮,杨文臣,张孟.http://iras.lib.whu.edu.cn:8080/rewriter/WF/http/e9f9v-me-mfc-s-9bnl9bm/download/Periodical_kx201401008.aspx 智能交通与智慧城市[J].科学(上海),2014(1):33-36.

[68] 许庆瑞,吴志岩,陈力田,等.智慧城市的愿景与架构[J].管理工程学报,2012 (4):1-7.

[69] 辜胜阻,王敏.智慧城市建设的理论思考与战略选择[J].中国人口·资源与环境,2012(5):74-80.

[70] Pollard 0 A. Smart growth and sustainable transportation:Can we get there from here[J]. Fordham Urball Law Journal,2001(29):1529-1566.

[71] Schaffers H,Komninos N,Pallot M,et a1. Smart cities and the future intemet:towards cooperation frameworks for open innovation // Aivarez F,Cleary F,Daras P,el a1[J]. The future Internet. Berlin:Springer,2011:431-446.

[72] Baber J,Kolodko J L,Noel T,et a1. Cooperative autonomous driving:intelligent vehicles sharing city roads[J]. Robotics & Automation Magazine,2005 (1):44-49.

[73] 中华人民共和国国家标准. CJJ/T 114—2007 城市公共交通分类标准[S].北京:中国标准出版社,北京:中国建筑工业出版社,2007.

[74] 中华人民共和国国家标准. JT/T 437—2001 港口主要统计指标分类与代码[S].北京:人民交通出版社,2001.

[75] 中华人民共和国国家标准. JT/T 438—2001 水路运输主要统计指标分类与代码[S].北京:人民交通出版社,2001.